水利工程建设与水利经济

王言伟　张　潮　张天国　著

吉林科学技术出版社

图书在版编目（CIP）数据

水利工程建设与水利经济 / 王言伟，张潮，张天国著 . -- 长春：吉林科学技术出版社，2023.3
ISBN 978-7-5744-0201-0

Ⅰ. ①水… Ⅱ. ①王… ②张… ③张… Ⅲ. ①水利建设－研究②水利经济－研究 Ⅳ. ① TV ② F407.9

中国国家版本馆 CIP 数据核字（2023）第 061832 号

水利工程建设与水利经济

著　　者	王言伟　张　潮　张天国	
出 版 人	宛　霞	
责任编辑	赵维春	
封面设计	树人教育	
制　　版	树人教育	
幅面尺寸	185mm×260mm	
开　　本	16	
字　　数	210 千字	
印　　张	9.75	
版　　次	2023 年 3 月第 1 版	
印　　次	2023 年 3 月第 1 次印刷	
出　　版	吉林科学技术出版社	
发　　行	吉林科学技术出版社	
地　　址	长春市南关区福祉大路 5788 号出版大厦 A 座	
邮　　编	130118	

发行部电话／传真　0431—81629529　　81629530　　81629531
　　　　　　　　　　81629532　　81629533　　81629534

储运部电话　0431—86059116

编辑部电话　0431—81629520

印　　刷	廊坊市广阳区九洲印刷厂
书　　号	ISBN 978-7-5744-0201-0
定　　价	60.00 元

前　言

　　水利工程作为我国基础的设施建设，为我国社会的稳定发展打下坚实的基础，进行水利工程的建设不但可以有效抵御洪水，还能够做到蓄水的功能，帮助农业进行灌溉，使得水利工程的经济水平都能得到明显的提升。水利工程可以说是非常重要的一项工程。因此，应当对水利工程的管理与建设提起重视，其中水利工程的运行管理是整个水利工程中非常重要的一个部分，只有良好地对水利工程进行管理，才能确保水利工程的建设目标能够实现，促进我国社会的稳定发展，以及我国国民经济的整体水平。

　　本书首先概述了水利工程基础内容，然后详细分析了土石方工程建设、施工排水工程建设、爆破工程建设及防汛抢险工程建设，之后探讨了水利工程建设质量控制，最后对水利工程经济等相关内容做出详细研究。本书结构严谨、条理清晰、层次分明、重点突出、通俗易懂，具有较强的科学性、系统性和指导性。

　　在本书的策划和编写过程中，曾查阅了国内外有关的大量文献和资料，在此致以衷心的感谢。由于编者学识水平和时间所限，书中难免存在缺点和谬误，敬请同行及读者指正，以便进一步完善提高。

目　录

第一章 水利工程概述

第一节 水资源与水利工程

一、水与水资源

（一）水的作用

在地球表面上，从浩瀚无际的海洋，奔腾不息的江河，碧波荡漾的湖泊，到白雪皑皑的冰山，到处都蕴藏着大量的水。水是地球上最为普通，也是至关重要的一种天然物质。

水是生命之源：水是世界上所有生物的生命的源泉。考古研究表明，人类自古就是逐水而徙，择水而居，因水而兴。人类发展史与水是密不可分的。

水是农业之本：水是世间各种植物生长不可或缺的物质。在农业生产中，水更是至关重要，正如俗话所说："有收无收在于水，多收少收在于肥"。一般植物绿叶中，水的含量占有 80% 左右，苹果的含水量为 85%。水不但是植物的主要组成部分，也是植物的光合作用和维持其生命活动的必需的物质。在现代农业生产中，对用水灌溉的依赖程度更高，农业灌溉用水的数量巨大。据统计，当今世界上农业灌溉用水量约占世界总用水量的65% ~ 70%。因此，农业灌溉节水具有广泛而深远的意义。

水是工业的血液：水在工业上的用途非常广泛，从电力、煤炭、石油、钢铁生产，到造纸、纺织、酿造、食品、化工等行业，各种工业产品均需要大量的水。如炼 1.0t 钢或石油，需水 200t；生产 1.0t 纸，需要水约 250t；而生产 1.0t 人造纤维，则需要耗水 1500t 左右。

在某些工业生产中，水是不可替代的物质。据 2000 年统计，世界各国工业需水量约占总需水量的 25%。

水是自然生态的美容师：地球上，由于水的存在、运动和变化而形成了许多赏心悦目的自然景观。如变幻莫测的彩虹、雾凇、海市蜃楼；因雨水冲淤而成的奇沟险壑、九曲黄河；水在地下的运动作用塑造了千姿百态的喀斯特地貌，从而有了云南石林、桂林山水等美景。另外，水的流动与自然地貌相结合形成了潺潺细流的小溪、波涛汹涌的江河、美丽无比的湖泊、奔流直下的瀑布等，这些自然景观，丰富了人类的文明生活。

（二）水资源及其特性

1. 水资源

因为水对人类社会的产生和发展起到了巨大的作用。所以人们认识到，水是人类赖以生存和发展的最基本的生产、生活资料。水是一种不可或缺、不可替代的自然资源；水是一种可再生的有限的宝贵资源。

广义上的水资源，是指地球上所有能直接利用或间接利用的各种水及水中物质，包括海洋水、极地冰盖的水、河流湖泊的水、地下水及土壤水。其总储量达 13.86 亿 km^3，其中海洋水约占 97.47%。目前，这部分高含盐量的咸水，还很难直接用于工农业生产。

陆地淡水存储量约为 0.35 亿 km^3，而能直接利用的淡水只有 0.1065 亿 km^3，这部分水资源常称为狭义的水资源。

一般来讲，当前可供利用或可能被利用，且有一定数量和可用质量，并在某一地区能够长期满足某种用途的并可循环再生的水源，称为水资源。

水资源是实现社会与经济可持续发展的重要物质基础。随着科学技术的进步和社会的发展，可利用的水资源范围将逐步扩大，水资源的数量也可能会逐渐增加。但是，其数量还是很有限的。同时，伴随人口增长和人类生活水平的提高，随着工农业生产的发展，对水资源的需求会越来越多，再加上水质污染和不合理开发利用，使水资源日渐贫乏，水资源紧缺现象也会愈加突出。

2. 水资源的特性

一般情况下，陆地上的淡水资源具有以下特性：

（1）再生性：在太阳能的作用下，水在自然界形成周而复始的循环。即太阳辐射到海洋、湖泊水面，将部分水汽蒸发到空中。水汽随风漂流上升，遇冷空气后，则以雨、雪、霜等形式降落到地表。降水形成径流，在重力作用下又流回到海洋、湖泊，年复一年地循环。因此，一般认为水循环为每年一次。

（2）时间和空间分布的不均匀性：在地球表面，受经纬度、气候、地表高程等因素的影响，降水在空间分布上极为不均，如热带雨林和干旱沙漠、赤道两侧与南北两极、海洋和内地差距很大。在年内和年际之间，水资源分布也存在很大差异。如冬季和夏季，降雨量变化较大。此外，通常丰水年形成洪水泛滥而枯水年干旱成灾。

（3）水资源的稀缺性：地球上淡水资源总量是有限的，但世界人口急剧增长，工农业生产进一步发展，城市的不断膨胀，对淡水资源的需求量也在快速地增加。再加之水体污染和水资源的浪费现象，使某些地区的水资源日趋紧缺。

（4）水的双面性：自古以来，水用于灌溉、航运、动力、发电等，为人类造福，为生活、生产做出了很大贡献。但是，暴雨及洪水也可能冲毁农田、淹没家园、夺人生命。如果对水的利用、管理不当，还会造成土地的盐碱化、污染水体、破坏自然生态环境等。也会给人类造成灾难。正所谓，水能载舟，亦能覆舟。

（三）我国的水资源

我国地域辽阔，河流、湖泊众多，水资源总量丰富。我国有河流 4.2 万条，河流总长度达 40 万 km 以上，其中流域面积在 1000k ㎡ 以上的河流有一千六百多条。长江是中国第一大河，全长 6380km。

我国湖泊总面积 71787k ㎡，天然湖面面积在 100k ㎡ 以上的有一百三十多个，全国湖泊贮水总量 7088 亿 m³，其中淡水贮量 2260 亿 m³。

我国多年平均年降水总量约 61889 亿 m³，多年平均年河川径流总量约 27115 亿 m³。地下水资源量约 8288 亿 m³，两者的重复计算水量为 7279 亿 m³，扣除重复水量后得到水资源总量约为 28124 亿 m³，居世界第六位。

中国河流的水能资源十分丰富，理论蕴藏量达 6.76 亿 kW，其中可开发利用的约 3.78 亿 kW，均居世界首位。其中，长江流域可开发量占总量的 53.4%。这是一个巨大而洁净的能源宝库。

我国水资源的特性：

（1）水资源相对缺乏。虽然我国水资源总量较丰富，但我国人口占世界总人口的 22%，人均水资源占有量仅为 2163m³，是世界人均水资源占有量的 1/4，居世界第 121 位。属于严重的贫水国家。

我国的耕地面积为 9600 万 h ㎡，平均每公顷土地占有的水资源量为 28300m³，亩均水量约 1771m³，约为世界平均水平的 80%。

（2）水资源时空分布严重不均。从空间分布上，我国幅员辽阔，南北气候悬殊，东南沿海地区雨水充沛，水资源丰富；而华北、西北地区干旱少雨，水资源严重缺乏。

在时间分布上，降水多集中在汛期的几个月，汛期降雨量占全年的 70% ~ 80%，往往是汛期抗洪、非汛期抗旱。同时，年际变化很大，丰水年洪水泛滥，而枯水年则干旱成灾。

（3）水资源分布与耕地人口的布局严重失调，长江以南地区水资源总量占全国的 82%，人口占全国的 54%，人均水量 4170m³，是全国平均值的 1.9 倍；亩均水资源量为 4134m³，是全国平均值的 2.3 倍；而淮河以北地区人口占全国的 43.2%，水资源总量占全国的 14.4%，人均水量仅为全国平均值的 1/3，亩均水资源量为全国平均值的 1/4。这种水土资源与人口分布的不合理，加剧了水资源短缺，更进一步恶化了水环境。特别是西北、华北的广大地区，已形成严重的水危机。

（4）水质污染和水土流失严重。近年来，水污染在全国各地普遍发生，特别是淮河、海河流域，污染尤为严重，使原本紧缺的水资源雪上加霜。一度曾导致沿岸部分城镇饮水困难，影响了社会的和谐和稳定。长江、黄河、珠江、松花江等流域，虽水质污染尚未超过其自身的净化能力，但某些河段或支流的水质也受到不同程度地污染，水质状况令人担忧。

由于西北地区水土流失严重，地面植被覆盖率低，风沙较大，使黄河成为世界上罕见的多泥沙河流，年含沙量和年输沙量均为世界第一。每年大量泥沙淤积，使河床抬高影响泄洪，严重时则会造成洪水泛滥。因此，必须加强对黄河及相关流域的水土保持，退耕还草、植树造林，减少水土流失，保证河道防洪安全。

二、水利工程与水利事业

为防止洪水泛滥成灾，扩大灌溉面积，充分利用水能发电等，需要采取各种工程措施对河流的天然径流进行控制和调节，合理使用和调配水资源。这些措施中，需修建一些工程结构物，这些工程统称水利工程。为达到除水害、兴水利的目的，相关部门从事的事业统称为水利事业。

水利事业的首要任务是消除水旱灾害，防止大江大河的洪水泛滥成灾，保障广大人民群众的生命财产安全。第二是利用河水发展灌溉，增加粮食产量，减少旱涝灾害对粮食安全的影响。第三是利用水力发电、城镇供水、交通航运、旅游、生态恢复和环境保护等。

（一）防洪治污

洪水泛滥可使农业大量减产，工业、交通、电力等正常生产遭到破坏。严重时，则会造成农业绝收、工业停产、人员伤亡等。如1931年武汉地区特大洪水，武汉关水位达28.28m，造成武汉、南京至上海各城市悉数被淹达百日之久，5000万亩农田绝收，受灾人口2855万人，死亡14.5万人，损失惨重。

在水利上，常采取相应的措施控制和减少洪水灾害，一般主要采取以下几种工程措施及非工程措施。

1. 工程措施

（1）拦蓄洪水控制泄量。利用水库、湖泊的巨大库容，蓄积和滞留大量洪水，消减下泄洪峰流量，从而减轻和消除下游河道可能发生的洪水灾害。如1998年特大洪水，武汉关水位达到29.43m，是历史的第二高水位，由于上游的隔河岩、葛洲坝等水库的拦洪、错峰作用，缓解了洪水对荆江河段及下游的压力，减小了洪水灾害的损失。

在利用水库来蓄洪水的同时，还应充分利用天然湖泊的空间，囤积、蓄滞洪水，降低洪水位。当前，由于长江等流域的天然湖泊的面积减少，使湖泊蓄滞洪水的能力降低。

1998年特大洪水后，对湖面日益减少的洞庭湖、鄱阳湖等天然湖泊，提出退田还湖政策。这对提高湖泊滞洪功能和推行人水和谐相处的治水方略具有积极作用。

另外，拦蓄的洪水还可以用于枯水期的灌溉、发电等，提高水资源的综合利用效益。

（2）疏通河道，提高行洪能力。对一般的自然河道，由于冲淤的变化，常常使其过水能力减小。因此，应经常对河道进行疏通清淤和清除障碍物，保持足够的断面，保证河道的设计过水能力。近年来，由于人为随意侵占河滩地，形成阻水障碍、壅高水位，威胁堤防安全甚至造成漫堤等洪水灾害。

2. 非工程措施

（1）蓄滞洪区分洪减流。利用有利地形，规划分洪（蓄滞洪）区；在江河大堤上设置分洪闸，当洪水超过河道行洪能力时，将一部分洪水引入蓄滞洪区，减小主河道的洪水压力，保障大堤不决口。通过全面规划，合理调度，总体上可以减小洪水灾害损失，可有效保障下游城镇及人民群众的生命、财产安全。

（2）加强水土保持，减小洪峰流量和泥沙淤积。地表草丛、树木可以有效拦蓄雨水。减缓坡面上的水流速度，减小洪水流量和延缓洪水形成的历时。另外，良好的植被还能防止地表土壤的水土流失，有效减少水中泥沙含量。因此，水土保持对减小洪水灾害有明显效果。

（3）建立洪水预报、预警系统和洪水保险制度。根据河道的水文特性，建立一套自动化的洪水预测、预报信息系统。根据及时准确的降雨、径流量、水位、洪峰等信息的预报预警，可快速采取相应的抗洪抢险措施，减小洪水灾害损失。

另外，我国应参照国外先进经验，利用现代保险机制，建立洪水保险制度，分散洪水灾害的风险和损失。

（二）农田水利

在我国的总用水量中约 70% 的是农业灌溉用水。农业现代化对农田水利提出了更艰巨的任务，一是通过修建水库、泵站、渠道等工程措施提高农业生产用水保障；二是利用各种节水灌溉的方法，按作物的需求规律输送和分配水量。补充农田水分不足，改变土壤的养料、通气等状况，进一步提高粮食产量。

（三）水力发电

水能资源是一种洁净能源，具有运行成本低、不消耗水量、环保生态、可循环再生等特点，是其他能源无法比拟的。

水力发电，即在河流上修建大坝，拦蓄河道来水，抬高上游水位并形成水库，集中河段落差获得水头和流量。将具有一定水头差的水流引入发电站厂房中的水轮机，推动水轮机转动，水轮机带动同轴的发电机组发电。然后，通过输变电线路，将电能输送到电网的用户。

（四）城镇供、排水

随着城镇化进程的加快，城镇生活供水和工业用水的数量、质量在不断提高，城市供水和用水矛盾日益突出。由于供水水源不足，一些重要城市只能进行跨流域引水，如引滦入津、引碧入大、京密引水、引黄济青等工程。特别是正在建设中的南水北调工程，引水干渠全长 1300km，投资近 2000 亿元人民币，每年可为华北地区的河北、山东、天津、北京等省市供水 200 亿 m^3。

由于城市地面硬化率高，当雨水较大时，在城镇的一些低洼处，容易形成积水，如不及时排放，则会影响工业、商业生产及人民群众的正常生活。因此，城市降雨积水和渍水的排放，是城市防洪的一部分，必须引起高度重视。

（五）航运及渔业

自古以来，人类就利用河道进行水运。如全长 1794km，贯通浙江、江苏、山东、河北、北京的大运河，把海河、淮河、黄河、长江、钱塘江等流域连接起来，形成一个杭州到北京的水运网络。在古代，京杭大运河是南北交通的主动脉，为南北方交流和沿岸经济繁荣做出了巨大贡献。

对内河航运，要求河道水深、水位比较稳定，水流流速较小。必要时应采取工程措施。进行河道疏浚，修建码头、航标等设施。当河道修建大坝后，船只不能正常通行，需修建船闸、升船机等建筑物，使船只顺利通过大坝。如三峡工程中，修建了双线五级船闸及升船机，可同时使万吨客轮及船队过坝，保证长江的正常通航。

由于水库大坝的建设，改变了天然的水质状态，破坏了某些洄游性鱼类的生存环境。因此，需采取一定的工程措施，帮助鱼类生存、发展，防止其种群的减少和灭绝。常用的工程措施有鱼道、鱼闸等。

（六）水土保持

由于人口的增加和人类活动的影响，地球表面的原始森林被大面积砍伐，天然植被遭到破坏，水分涵养条件差，降雨时雨水直接冲蚀地表土壤，造成地表土壤和水分流失。这种现象称为水土流失。

水土流失可把地表的肥沃土壤冲走，使土地贫瘠，形成丘陵沟壑，减少产量乃至不能耕种。而雨水集中且很快流走，往往形成急骤的山洪，随山洪而下的泥沙则淤积河道和压占农田，还易形成泥石流等地质灾害。

为有效防止水土流失，则应植树种草、培育有效植被，退耕还林还草，合理利用坡地。并结合修建埝坝、蓄水池等工程措施，进行以水土保持为目的的综合治理。

（七）水污染及防治

水污染是指由于人类活动，排放污染物到河流、湖泊、海洋的水体中，对水体的有害物质超过了水体的自身净化能力，以致水体的性质或生物群落组成发生变化，降低了水体的使用价值和原有用途。

水污染的原因很复杂，污染物质较多，一般有耗氧有机物、难降解有机物、植物性营养物、重金属、无机悬浮物、病原体、放射性物质、热污染等。污染的类型有点污染和面污染等。

水污染的危害严重并影响久远。轻者造成水质变坏，不能饮用或灌溉，水环境恶化。破坏自然生态景观；重者造成水生生物、水生植物灭绝，污染地下水，城镇居民饮水危险。而长期饮用污染水源，会造成人体伤害，染病致死并遗传后代。

水污染的防治任务艰巨，首先应全社会动员，提高对水污染危害的认识，自觉抵制水污染的一切行为，全社会、全民、全方位控制水污染。第二是加强水资源的规划和水源地的保护，预防为主、防治结合。第三是做好废水的处理和应用，废水利用、变废为宝，花费大力气采取切实可行的污水处理措施，真正做到达标排放，造福后代。

（八）水生态及旅游

（1）水生态。水生态系统是天然生态系统的主要部分。维护正常的水生生态系统，可使水生生物系统、水生植物系统、水质水量、周边环境良性循环。一旦水生态遭到破坏。其后果是非常严重的，其影响是久远的。水生态破坏后的主要现象为：水质变色变味，水生生物、水生植物灭绝；坑塘干涸、河流断流；水土流失，土地荒漠化；地下水位下降；沙尘暴增加等。

水利水电工程的建设，对自然生态具有一定的影响。建坝后河流的水文状态发生一定的改变，可能会造成河口泥沙淤积减少而加剧侵蚀，污染物滞留，改变水质。对库区，因水深增加、水面扩大，流速减小，产生淤积。水库蒸发量增加，对局部小气候有所调节。

筑坝对洄游性鱼类影响较大，如长江中的中华鲟、胭脂鱼等。在工程建设中，应采取一些可能的工程措施（如鱼道、渔闸等），尽量减小对生态环境的影响。

另外，水库移民问题也会对社会产生一定的影响，由于农民失去了土地，迁移到新的环境里，生活、生产方式发生变化，如解决不好，也会引起一系列社会问题。

（2）水与旅游。自古以来，水环境与旅游业一直有着密切的联系，从湖南的张家界。黄桷树瀑布、桂林山水、长江三峡、黄河壶口瀑布、杭州西湖，到北京的颐和园以及哈尔滨的冰雪世界，无不因水而美丽纤秀，因水而名扬天下。清洁、幽静的水环境可造就秀丽的旅游景观，给人们带来美好的精神享受，水环境是一种不可多得的旅游、休闲资源。

水利工程建设，可造就一定的水环境，形成有山有水的美丽景色，形成新的旅游景点。如浙江新安江水库的千岛湖，北京的青龙峡等。但如处理不当，也会破坏当地的水环境，造成自然景观乃至旅游资源的恶化和破坏。

第二节　水利工程的建设与发展

一、我国古代水利建设

几千年来，广大劳动人民为开发水利资源，治理洪水灾害，发展农田灌溉，进行了长期的大量的水利工程建设，积累了宝贵的经验，建设了一批成功的水利工程。大禹用堵、疏结合的办法治水获得成功，并有"三过家门而不入"的佳话流传于世。

我国古代建设的水利工程很多，下面主要介绍几个典型的工程：

（一）四川都江堰灌溉工程

都江堰坐落在四川省都江堰市的岷江上，是当今世界上历史最长的无坝引水工程。公元前250年，由秦代蜀郡太守李冰父子主持兴建，历经各朝代维修和管理，其主体现基本保持历史原貌；虽经历两千多年的使用，至今仍是我国灌溉面积最大的灌区，灌溉面积达1000多万亩。

工程巧妙地利用了岷江出山口处的地形和水势，因势利道，使堤防、分水、泄洪、排沙相互依存，共为一体。孕育了举世闻名的"天府之国"。枢纽主要有鱼嘴、飞沙堰、宝瓶口、金刚堤、人字堤等组成。鱼嘴将岷江分成内江和外江，合理导流分水，并促成河床稳定。飞沙堰是内江向外江溢洪排沙的坝式建筑物，洪水期泄洪排沙，枯水期挡水，保证宝瓶口取水流量。宝瓶口形如瓶颈，是人工开凿的窄深型引水口，既能引水，又能控制水量。处于河道凹岸的下方，符合无坝取水的弯道环流原理，引水不引沙。两千多年来，工程发挥了极大的社会效益和经济效益，史书上记载，"水旱从人，不知饥馑，时无荒年，天下谓之天府也"。新中国成立后，对都江堰灌区进行了维修、改建，增加了一些闸坝和堤防。扩大了灌区的面积，现正朝着可持续发展的特大型现代化灌区迈进。

（二）灵渠

灵渠位于广西兴安县城东南，建于公元前214年。灵渠沟通了珠江和长江两大水系。成为当时南北航运的重要通道。灵渠由大天平、小天平、南渠、北渠等建筑物组成，大、小天平为高3.9m，长近500m的拦河坝，用以抬高湘江水位，使江水流入南、北渠（漓江）。多余洪水从大小天平顶部溢流进入湘江原河道。大、小天平用鱼鳞石结构砌筑，抗冲性能好。整个工程，顺势而建，至今保存完好。灵渠与都江堰一南一北，遥相呼应，相互媲美。

另外，还有陕西引泾水的郑国渠；安徽寿县境内的芍陂灌溉工程，引黄河水的秦渠、汉渠，河北的引漳十二渠等。这些古老的水利工程都取得过良好的社会效益和巨大的经济效益，有些工程至今仍在发挥作用。

在水能利用方面，自汉晋时期开始，劳动人民就已开始用水作为动力，带动水车、水碾、水磨等，用以浇灌农田、碾米、磨面等。

但是，由于我国长期处于封建社会，特别是近代以来，遭受帝国主义、封建主义、官僚资本主义的三重剥削和压迫，由于贫穷、技术落后等原因，丰富的水资源没有得到较好的开发利用，而水旱灾害时常威胁着广大劳动人民的生命、财产安全。中国的水利水电事业发展非常缓慢。

二、现代水利工程建设

中华人民共和国成立以来，在中国共产党的领导下，我国的水利事业得到了空前的发展。在"统一规划、蓄泄结合、统筹兼顾、综合治理"的方针指导下，全国的水资源得到了合理有序地开发利用，经过五十多年的艰苦奋斗，水利工程建设取得了巨大的成就，其主要表现在以下几个方面：

（一）大江大河的治理

黄河是中华民族的母亲河，其水患胜于长江。新中国成立以来，在黄河干流上修建了龙羊峡、刘家峡、青铜峡、万家寨、三门峡、小浪底等大型拦蓄洪水的水库工程，并加固了黄河下游大堤，保证了黄河"伏秋大汛不决口，大河上下保安澜"。

对淮河进行了大力整治，兴建了佛子岭、梅山、响洪甸等一批水库和三河闸等排滞洪工程，并在 2003 年，新修了淮河入海通道。使淮河流域"大雨大灾、小雨小灾、无雨旱灾"的局面得到彻底的改变。

自 1963 年海河流域大洪水后，开始了对海河流域的治理，通过上游修水库，中游建防洪除涝系统，下游舒畅和新增入海通道，根治了海河流域的洪水涝灾。

在长江上游的支流上，建成了安康、丹江口、乌江渡、东江、江垭、隔河岩、二滩等一大批骨干防洪兴利工程，并在长江干流上修建了葛洲坝和三峡水电工程，整治加固了荆江大堤，使长江中、下游防洪能力由原来的 10 年一遇提高到 500 年一遇的标准。同时，对珠江流域、东北三江流域等大江大河也进行了综合治理，使其防洪标准大为提高。

（二）水电建设

从 20 世纪 60 年代建设新安江水电站开始，半个世纪来，我国建设了一批大型水电骨干工程，水电的装机容量和单机容量越来越大。其中装机 1000MW 以上的大型水电站 20 多座，现在建的三峡水电站，单机容量 700MW，总装机容量 18200MW，是当今世界上最大的水力发电站。到 2004 年底，全国水电装机容量达到了 100000MW。目前还有三峡、溪洛渡、龙滩等一批大型水电站正在建设之中。

我国正在开发建设十大水电基地，开发西部及西南地区丰富的水电资源，进行西电东送，将大大缓解华南、华东地区电力紧缺的矛盾，为我国经济可持续发展提供强有力的能源支撑。

（三）农田灌溉和城镇供水

几十年来，通过修建水库、塘坝，建成万亩以上灌区五千多处，百万亩灌区 30 处。如四川都江堰灌区、内蒙古河套灌区、新疆石河子灌区等。灌溉农田面积达 7 亿亩。大大的提高了粮食亩产和总产量，为国家粮食安全提供了有力保障。

当前，由于大部分地区水资源紧缺，城镇供水矛盾凸显，为保障工业和人民生活用水。投入了大量的人力、财力，建设了一批专门的引水和供水工程。这些工程的建设，大大缓解了一些大中城市的供水矛盾。为我国工农业生产的发展、保障和提高人民群众的生活水平做出了巨大的贡献。

不过，1998 年长江流域、东北三江的特大洪水的教训也表明，我国大江大河的防洪仍存在问题；西北、华北地区干旱及供水矛盾仍较突出，水资源短缺问题十分严重；水环境恶化的趋势尚未得到有效控制，干旱缺水、洪水灾害和水污染严重制约着经济的发展。

因此，在新世纪必须加快大型水利工程建设步伐，坚持综合规划、防治结合、标本兼治、和谐统一的原则，需建设一批关键性控制工程，调蓄水量、提供能源。必须对宝贵的水资源进行合理开发、高效利用、优化配置并有效保护。

三、我国水利事业的发展前景

（一）我国水利水电建设前景远大

随着我国现代化建设进程的加快和社会经济实力的不断提高，我国的水利水电建设将迎来一个快速发展的阶段。西部大开发战略的实施，西南地区的水电能源将得以开发，并通过西电东送，使我国的能源结构更趋合理。

为了有效控制大江大河的洪水，减轻洪涝灾害，开发水利水电资源，将建设一批大型水利水电枢纽工程。可以预见，在掌握高拱坝、高面板堆石坝、碾压混凝土坝等建坝新技术的基础上，在建设三峡、二滩、小浪底等世界特大型水利水电工程的经验的指导下，将建设一批水平更高、更先进的水电工程。

（二）人水和谐相处，高效节约用水

为进一步做好水利水电工程建设，在总结过去治水经验，深入分析研究当前社会经济发展的需求的基础上，要更新观念，从工程水利向资源水利转变，从传统水利向现代水利转变，树立可持续发展观，以水资源的可持续利用保障社会经济的可持续发展。

要转变对水及大自然的认识，在防止水对人类侵害的同时，也应注意人对水的侵害。人与自然、人与水要和谐共处。社会经济发展，要与水资源的承载力相协调。水利发展目标要与社会发展和国民经济的总体目标结合，水利建设的规模和速度要与国民经济发展相适应，为经济和社会发展提供支撑和保障条件。应客观地根据水资源状况确定产业结构和发展规模，并通过调整产业结构和推进节约用水，来提高水资源的承载能力。使水资源的开发利用既满足生产、生活用水，也充分考虑环境用水、生态用水，真正做到计划用水、节约用水、科学用水。

要提高水资源的利用效率，进行水资源统一地管理，促进水资源优化配置。不论是农业、工业，还是生活用水，都要坚持节约用水，高效用水。真正提高水资源的利用水平，要大力发展节水灌溉，发展节水型工业，建设节水型社会。逐步做到水资源的统一规划、统一调度、统一管理。统筹考虑城乡防洪、排涝灌溉、蓄水供水、用水节水、污水处理、中水利用等涉水问题，真正做到水资源的高效综合利用。

需确立合理的水价形成机制，利用价格杠杆作用，遵循经济发展规律，试行水权交易、水权有偿占有和转让，逐步形成合理的水市场。促进水资源向高效率、高效益方面流动，使水资源达到最大限度地优化配置。

第三节 水利工程建设程序及管理

一、水利工程建设程序

（一）建设程序及作用

工程项目建设程序是指工程建设的全过程中，各建设环节及其所应遵循的先后次序法则。建设程序是多年工程建设实践经验、教训的总结，是项目科学决策及顺利实现最终建设目标的重要保证。

建设程序反映工程项目自身建设、发展的科学规律，工程建设工作应按程序规定的相应阶段，循环渐进逐步深入地进行。建设程序的各阶段及步骤不能随意颠倒和违反，否则，将可能造成不利的严重后果。

建设程序是为了约束建设者的随意行为，对缩短工程的建设工期，保证工程的质量，节约工程投资，提高经济效益和保障工程项目顺利实施，具有一定的现实意义。

另外，建设程序需要加强水利建设市场管理，进一步规范水利工程建设行为，推进项目法人责任制、建设监理制、招标投标制的实施，促进水利建设实现经济体制和经济增长方式的两个根本性转变，具有积极的推动作用。

（二）我国水利工程建设程序及主要内容

对江河进行综合开发治理时，首先根据国家（区域、行业）经济发展的需要确定优先开发治理的河流。然后，按照统一规划、综合治理的原则，对选定河流进行全流域规划。确定河流的梯级开发方案，提出分期兴建的若干个水利工程项目。规划经批准后，方可对拟建的水利枢纽进行进一步建设。

按我国《水利工程建设项目管理规定》，水利工程建设程序一般分为：项目建议书、可行性研究报告、设计阶段、施工准备（包括招标设计）、建设实施、生产准备、竣工验收、后评价等阶段。

1. 项目建议书

项目建议书应根据国民经济和社会发展长远规划、流域及区域综合规划，按照国家产业政策和国家有关投资建设方针进行编制，是对拟进行建设项目的初步说明。

项目建议书应按照《水利水电工程项目建议书编制暂行规定》编制。项目建议书编制一般由政府委托有相应资格的工程咨询、设计单位承担，并按国家现行规定权限向主管部门申报、审批。项目建议书被批准后，由政府向社会公布，若有投资建设意向，应及时组建项目法人筹备机构，按相关要求展开工作。

2. 可行性研究报告阶段

可行性研究报告，由项目法人组织编制。经过批准的可行性研究报告，是项目决策和进行初步设计的依据。

（1）可行性研究的主要任务是根据国民经济、区域和行业规划的要求，在流域规划的基础上，通过对拟建工程的建设条件作进一步调查、勘测、分析和方案比较等工作，进而论证该工程在近期兴建的必要性、技术上的可行性及经济上的合理性。

（2）可行性研究的工作内容和深度是基本选定工程规模；选定坝址；初步选定基本坝型和枢纽布置方式；估算出工程总投资及总工期；对工程经济合理性和兴建必要性做出判定量定性评价。该阶段的设计工作可采用简略的方法，成果必须具有一定的可靠性，以利于上级主管部门决策。

（3）可行性研究报告的审批按国家现行规定的审批权限报批。申报项目可行性研究报告，必须同时提出项目法人组建方案及运行机制、资金筹措方案、资金结构和回收资金的办法，并依照有关规定附具有管辖权的水行政主管部门或流域机构签署的规划同意书、对取水许可预申请的书面审查意见。审批部门要委托有项目相应资格的工程咨询机构对可行性研究报告评估，并综合行业归口主管部门、投资机构等方面的意见进行审批。项目的可行性报告批准后，应正式成立项目法人，并按项目法人责任制实行项目管理。

3. 设计阶段

（1）初步设计根据已批准的可行性研究报告和必要的设计基础资料，对设计对象进行通盘研究，确定建筑物的等级；选定合理的坝址、枢纽总体布置、主要建筑物形式和控制性尺寸；选择水库的各种特征水位；选择电站的装机容量，电气主结线方式及主要机电设备；提出水库移民安置规划；选择施工导流方案和进行施工组织设计；编制项目的总概算。

初步设计报告应按照《水利水电工程初步设计报告编制规程》的有关规定编制。初步设计文件报批前，应由项目法人委托有关专家进行咨询，设计单位根据咨询论证意见，对初步设计文件进行补充、修改、优化。初步设计按国家现行规定权限向主管部门申报审批。经批准后的初步设计文件主要内容不得随意修改、变更，并作为项目建设实施的技术文件基础。如有重要修改、变更，须经原审批机关复审同意。

（2）技术设计或招标设计。对重要的或技术条件复杂的大型工程，在初步设计和施工详图设计之间增加技术设计。其主要任务是：在深入细致地调查、勘测和试验研究的基础上，全面加深初步设计的工作，解决初步设计尚未解决和未完善的具体问题，确定或改进技术方案，编制修正概算。技术设计的项目内容同初步设计，只是更为深入详尽。审批后的技术设计文件和修正概算是建设工程拨款和施工详图设计的依据。

（3）施工详图设计。该阶段的主要任务是：以经过批准的初步设计或技术设计为依据。最后确定地基开挖、地基处理方案，进行细节措施设计；对各建筑物进行结构及细部构造设计，并绘制施工详图；进行施工总体布置及确定施工方法，编制施工进度计划和施工预算等。施工详图预算是工程承包或工程结算的依据。

4.施工准备阶段

（1）项目在主体工程开工之前，必须完成各项施工准备工作，其主要内容包括：施工现场的征地、移民、拆迁；完成施工用水、用电、通信、道路和场地平整等工程；修建生产、生活必需的临时建筑工程；组织监理、施工、设备和物资采购招标等工作；择优确定建设监理单位和施工承包队伍。

（2）工程项目必须满足以下条件，施工准备方可进行：初步设计已经批准；项目法人已经建立；项目已列入国家或地方水利建设投资计划，筹资方案已经确定；有关土地使用权已经批准；已办理报建手续。

5.建设实施阶段

建设实施阶段是指主体工程的建设实施，项目法人按照批准的建设文件，组织工程建设，保证项目建设目标的实现。

（1）项目法人或其代理机构必须按审批权限，向主管部门提出主体工程开工申请报告。经批准后，主体工程方能正式开工。主体工程开工须具备的条件是：前期工程各阶段文件已按规定批准，施工详图设计可以满足初期主体工程施工需要；工程项目建设资金已落实；主体工程已决标并签订工程承包合同；现场施工准备和征地移民等建设外部条件能够满足主体工程开工需要。

（2）按市场经济机制，实行项目法人责任制，主体工程开工还须具备以下条件：项目法人要充分授权监理工程师，使之能独立负责项目的建设工期、质量、投资的控制和现场施工的组织协调。要按照"政府监督、项目法人负责、社会监理、企业保证"的要求，建立健全质量管理体系。重大建设项目，还必须设立项目质量监督站，行使政府对项目建设的监督职能。

水利工程的兴建必须遵循先勘测、后设计，在做好充分准备的条件下，再施工建设程序。否则，就很可能会设计失误，造成巨大经济损失，乃至灾难性的后果。

6.生产准备阶段

生产准备应根据不同工程类型的要求确定，一般应包括如下主要内容：

（1）生产组织准备。建立生产经营的管理机构及相应的管理制度；招收和培训人员。按生产运营的要求，配备生产管理人员。

（2）生产技术准备。主要包括技术资料的汇总、运行技术方案的制定、岗位操作规程的制定和新技术准备。

（3）生产物资准备。主要是落实投产运营所需要的原材料、协作产品、工器具、备品备件和其他协作配合条件的准备。

（4）运营销售准备。及时具体落实产品销售协议的签订，提高生产经营效益，为偿还债务和资产的保值和增值创造条件。

7.竣工验收

竣工验收是工程完成建设目标的标志，是全面考核基本建设成果、检验设计和工程质量的重要步骤。竣工验收合格的项目即从基本建设转入生产或使用。

（1）当建设项目的建设内容全部完成，并经过单位工程验收、完成竣工报告、竣工决算等文件后，项目法人向主管部门提出申请，根据相关验收规程，组织竣工验收。

（2）竣工决算编制完成后，须由审计机关组织竣工审计，其审计报告作为竣工验收的基本资料。另外，工程规模较大、技术较复杂的建设项目可先进行初步验收。

8. 后评价

建设项目经过 1～2 年生产运营后，进行系统评价称后评价。其主要内容包括：①影响评价，项目投产后对政治、经济、生活等方面的影响进行评价；②经济效益评价，对国民经济效益、财务效益、技术进步和规模效益等进行评价；③过程评价，对项目的立项、设计、施工、建设管理、生产运营等全过程进行评价。

项目后评价一般按三个层次组织实施，即项目法人的自我评价、项目行业的评价、计划部门（或主要投资方）的评价。

项目后评价工作必须遵循客观、公正、科学的原则，做到分析合理、评价公正。通过后评价以达到肯定成绩、总结经验、研究问题、吸取教训、提出建议、改进工作的目的。

二、水利工程建设的管理

（一）基本概念

1. 工程建设管理的概念

工程建设目标的实现，不仅要靠科学的决策、合理的设计和先进的施工技术及施工人员的努力工作。而且要靠现代化的工程建设管理。

一般来讲，工程建设管理是指：在工程项目的建设周期内，为保证存在一定的约束条件下（工期、投资、质量），实现工程建设的目标，而对建设项目各项活动进行的计划、组织、协调、控制等工作。

在工程项目建设过程中，项目法人对工程建设的全过程进行管理；工程设计单位对工程的设计、施工阶段的设计问题进行管理；施工企业仅对施工过程进行控制和管理。由业主委托的工程监理单位，按委托合同的规定，替业主行使相关的管理权利和相应义务。

对大型的工程项目，涉及技术领域众多，专业技术性强，工程质量要求高，投资额巨大，建设的周期较长。工程项目法人管理任务艰巨，责任重大，因此，必须建立一支技术水平高、经验丰富、综合性强的专职管理的队伍。当前，要求项目法人委托建设监理单位进行部分或全部的项目管理工作。

2. 工程项目管理的特点

工程建设管理的特殊性主要表现在以下几个方面：

（1）工程建设全过程管理。建设项目管理从工程项目立项、可行性研究、规划设计、工程施工准备（招标）、工程施工到工程的后评价，涉及的单位众多，经济、技术复杂，建设时间较短。

（2）项目建设的一次性。由于工程项目建设具有一次性特点，因此，工程建设的管理也是一次性的。不同的行业、规模、类型的建设项目其管理内涵则有一定的区别。

（3）委托管理特性。企事业单位的管理是以自己管理为主，而建设项目的管理则可以委托专业性较强的工程咨询、工程监理单位进行管理。使业主单位需人员精干，机构简洁，主要做好决策、筹资、外部协调等主要工作，以便更利于建设目标的实现。

3. 管理的职能

工程项目管理的职能和其他管理一样，主要包括以下几个方面：

（1）计划职能。计划是管理的首要职能，在工程建设每一阶段前，必须按工程建设目标，制定切实可行的计划安排。然后，按计划严格控制并按动态循环方法进行合理地调整。

（2）组织职能。通过项目组织层次结构及权力关系的设计，按相关合同协议、制度。建立一套高效率的组织保证体系，组织系统相关单位、人员，协同努力实现项目总目标。

（3）协调职能。协调是管理的主要工作，各项管理均需要协调。由于建设项目建设过程中各部门、各阶段、各层次存在大量的结合部，需要大量的沟通和协调工作。

（4）控制职能。控制和协调联合、交错运用，按原计划目标，通过进度对比、分析原因、调整计划等对计划进行有效的动态控制。最后，使项目按计划达到设计目标。

（二）工程项目管理的主要内容

1. 项目决策阶段

项目决策阶段，管理的主要内容包括：投资前期机会的研究，根据投资设想提出项目建议书。项目可行性研究，项目评估和审批，下达项目设计任务书等。

2. 项目设计阶段

通过设计招标选择设计单位：审查设计步骤、设计出图计划、设计图纸质量等。

3. 项目的实施阶段

在项目施工阶段，管理内容可概括为：工程资金的筹集和控制；工程质量监督和控制；工程进度的控制；工程合同管理及索赔；工程建设期间的信息管理；设计变更、合同变更以及对外、对内的关系协调等。

4. 项目竣工验收及生产准备阶段

项目竣工验收的资料整编及管理；竣工验收的申报及组织竣工验收；试生产的各项准备工作，联动试车的问题及处理等。

第二章　水利工程建设

水利工程作为一项民生工程，其工程质量不仅关系其能否发挥对水力资源的充分利用，也关系着工程运作中的运行安全。因此，我们要不断地加强水利工程在建设过程中的管理工作，努力提高水利工程的质量。

第一节　水利工程建设的程序

水利工程质量由项目法人（建设单位）负全面责任。监理、施工、设计单位按照合同及有关规定对各自承担的工作负责。质量监督机构履行政府部门监督职能，不代替项目法人（建设单位）、监理、设计、施工单位的质量管理工作。水利工程建设各方均有责任与权利向有关部门和质量监督机构反映了工程质量问题。因此，施工阶段项目法人的责任就是：协调好外部关系，及时拨付工程款，沟通和设计单位的联系，监督监理单位的工作，对工程的进度、造价、质量进行监督检查。

一、开工报告的申报

1. 施工许可证

建筑工程开工前，建设单位应当按照国家有关规定向工程所在地县级以上人民政府建设行政主管部门申请施工许可证；但是，建设行政主管部门确定的限额以下的小型工程除外。按照规定的权限和程序批准开工报告的建筑工程，不再领取施工的许可证。

2. 主管部门

水利部是水的行政主管部门，对全国水利工程建设实行宏观管理；第七条规定，流域机构是水利部的派出机构，对其所在流域行使水行政主管部门的职责，负责本流域水利工程建设的行业管理；第八条规定，省（自治区、直辖市）水利（水电）厅（局）是本地区的水行政主管部门，负责本地区水利工程建设的行业管理。

3. 开工报告内容

项目法人应向项目主管部门提出正式请示文件和相关附件，其附件包括：

（1）政府关于项目法人组建文件；

（2）可行性研究报告、初步设计批复文件；

（3）投资计划下达文件；

（4）施工详图设计；

（5）工程施工合同、质量监督手续等证明文件；

（6）施工准备、征地、移民满足主体开工的证明；

（7）其他有关证明材料。

4. 主管部门受理的条件有以下几点：

（1）项目法人已提出正式请示报告；

（2）建设管理模式已经确定，投资主体与项目建设管理主体的关系已经理顺；

（3）项目建设所需全部投资来源已经明确，且投资结构已经合理；

（4）前期工程各阶段文件已按规定批准，施工详图设计可以满足初期主体工程施工需要；

（5）建设项目已列入国家或地方水利建设投资年度计划，年度建设资金已落实；

（6）主体工程招标已经决标，工程承包合同已经签订，并得到主管部门同意；

（7）现场施工准备和征地移民等建设外部条件能够满足主体工程开工的需要；

（8）已按规定办理工程质量安全监督手续。

二、主体工程开工须具备的条件

1. 资质管理

从事建筑活动的水利水电工程施工企业、勘察单位、设计单位和工程监理单位，应当具备下列条件：

（1）有符合国家规定的注册资本；

（2）有与其从事的建筑活动相适应的具有法定执业资格的专业技术的人员；

（3）有从事相关建筑活动所应有的技术装备；

（4）法律、行政法规规定的其他条件。

从事建筑活动的水利水电工程施工企业、勘察单位、设计单位和工程监理单位，按照其拥有的注册资本、专业技术人员、技术装备和已完成的建筑工程业绩等资质条件，划分为不同的资质等级。经资质审查合格、取得相应等级的资质证书后，方可在其资质等级许可的范围内从事建筑活动。

从事建筑活动的专业技术人员，应当依法取得相应的执业资格证书，并在执业资格证书许可的范围内从事建筑活动。

2. 施工许可证

建筑工程开工前，建设单位应当按照国家有关规定向工程所在地县级以上人民政府建设行政主管部门申请领取施工的许可证；不过，建设行政主管部门确定的限额以下的小型工程除外。按照规定的权限和程序批准开工报告的建筑工程，不再领取施工许可证。

申请领取施工许可证，应当具备下列条件：

（1）已经办理该建筑工程用的批准手续；

（2）在城市规划区的建筑工程，已经取得规划许可证；

（3）需要拆迁的，其拆迁进度符合施工要求；

（4）已经确定水利水电工程施工企业；

（5）有满足施工需要的施工图纸及技术资料；

（6）有保证工程质量和安全的具体措施；

（7）建设资金已经落实；

（8）法律、行政法规规定的其他条件。

建设行政主管部门应当在收到申请之日起十五日内，需要对符合条件的申请颁发施工许可证。

建设单位应当在领取施工许可证之日起三个月内开工，因故不能按期开工的，应当向发证机关申请延期；延期以两次为限，每次不超过三个月；既不开工又不申请延期或者超过延期时限的，施工许可证自行废止。

在建的建筑工程因故中止施工的，建设单位应当在中止施工之日起一个月内，向发证机关报告，并按照规定做好建筑工程的维护管理工作。建筑工程恢复施工时，应当向发证机关报告，中止施工满一年的工程恢复施工前，建设单位应当报发证机关核验施工许可证。

按照有关规定批准开工报告的建筑工程，因故不能按期开工或者中止施工的，应当及时向批准机关报告情况；因故不能按期开工超过六个月的，应当重新办理开工报告的批准手续。

3. 施工准备

（1）施工准备工作内容。建设项目在主体工程开工之前，必须完成各项施工准备工作，其主要工作内容包括：施工现场的征地、拆迁；完成施工用水、电、通信、路和场地平整（简称"四通一平"）等工程；必需的生产、生活临时建筑工程；组织招标设计、咨询、设备和物资采购等服务；组织建设监理和主体工程招标投标，选定建设监理单位和施工承包队伍。

水利部所属流域机构（长江水利委员会、黄河水利委员会、淮河水利委员会、珠江水利委员会、海河水利委员会、松辽河水利委员会和太湖流域管理局）是水利部的派出机构，对其所在的流域行使水行政主管部门的职责，负责本流域水利工程建设的行业管理；省（自治区、直辖市）水利（水电）厅（局）是本地区的水行政主管部门，负责本地区水利工程建设的行业管理。

（2）施工招标。工程建设项目施工，除了某些不适应招标的特殊工程项目外（须经水行政主管部门批准），均须实行招标投标。

（3）施工准备的条件。水利工程项目必须满足如下条件，施工准备方可进行：初步设计已经批准；项目法人已经建立；项目已列入国家或者地方水利建设投资计划，筹资方案已经确定；有关土地使用权已经批准。

（4）主体工程开工条件。主体工程开工，必须具备以下条件：前期工程各阶段文件已按规定批准，施工详图设计可以满足初期主体工程施工需要；建设项目已列入国家年度计划，年度建设资金已经落实；主体工程招标已经决标，工程承包合同已经签订，并且得到主管部门同意；现场施工准备和征地移民等建设外部条件能够满足主体工程开工的需要；需要进行开工前审计工程的有关审计文件。

三、建立健全质量管理体系

工程质量实行项目法人负责、监理单位控制、施工单位保证和政府监督相结合的质量管理体制。参建各方均有责任和权利向有关部门和质量监督机构反映工程质量问题。各单位在工程现场的项目负责人对本单位在工程现场的质量工作直接领导责任。各单位的工程技术负责人对质量工作负技术责任。具体工作人员为直接责任人。各参建单位要加强质量法制教育、增强质量法制观念，把提高劳动者的素质作为提高质量的重要环节；加强对管理人员和职工的质量意识及质量管理知识的教育，建立和完善质量管理的激励机制，积极开展群众性质量管理和合理化建议活动。

建立由质量监督体系、质量检查体系、质量控制体系、质量保证体系，四个层次组成的工程质量管理体系。

（一）质量监督体系

项目法人应及时与质量监督站按所属权限办理质量监督手续。

1. 质量监督体系包括上级业务主管部门、质量监督部门、稽查部门、审计监察部门及社会监督举报等。各参建单位必须主动接受监督，配合做好有关工作。

2. 质量监督机构按照国家有关规定行使质量监督权利，但并不代替本工程各参建单位的质量管理工作。各参建单位均有责任与权利向有关部门和质量监督机构反映工程质量问题。

3. 现场派驻的项目站负责监督本工程各参建单位在其资质等级允许范围内从事本工程建设的质量工作；负责检查督促各参建单位建立健全质量体系；按照国家和水利行业有关工程建设法规、技术标准和设计文件实施I程质量监督，对施工现场影响工程质量的行为进行监督检查。

4. 工程质量监督实施以抽查为主的监督方式。

5. 根据工作需要，项目站可以委托水利建设工程质量检测站，对本工程有关部位以及所采用的建筑材料和工程设备进行抽样检测。

（二）质量检查体系

质量检查体系的主体是项目法人，其派出机构为现场建设管理机构，检查质量控制体系，质量保证体系的建立及实施情况。

项目法人负责建立健全施工质量检查体系，根据工程特点建立质量管理机构和质量管理制度。

工程质量检查体系由质量专家检查组、质量检查组、质量巡查组三个层次组成。采取不定期抽查方式对工程质量进行检查。检查内容主要包括：现场建设管理机构工程建设质量管理情况，监理单位的质量控制体系的建设及工作质量，施工单位质量保证体系的建立、执行及工程质量情况。

质量检查组由现场建设管理机构负责人、技术负责人及工程技术科、合同管理科组成。采用定期或不定期的方式进行全面检查或抽查，对查出的问题将以书面的形式要求有关单位进行整改。检查主要内容如下。

1. 检查施工单位的质量管理情况

（1）组织机构

人员及工作情况是否满足工程规模、进度、施工强度要求，能否保证工程质量。

（2）规章制度和质量控制措施

建立针对本工程特点的质量管理规章制度、详细完整的质量控制措施，建立完善的质量保证体系，落实三检制。

（3）现场测试条件

配备相应级别的工地实验室，测试仪器、设备需要按计量部门要求通过检验和认证。

（4）施工记录资料

内容完整的施工大事记录，施工原始记录、质量自检记录、工程测量、放样记录、质量评定验收记录资料、施工变更记录、施工日记等，各种资料按档案管理规定要及时进行整理。

（5）执行验收程序

按规定进行隐蔽工程、分部工程，单位工程及阶段验收、竣工验收。

2. 检查施工单位的施工质量

（1）施工现场管理

施工组织安排能否保证工程质量和本工程的阶段性目标及工程工期要求，工程各部位施工工艺方法应合理，避免交叉干扰重复施工等低效的施工工序。

（2）单元工程质量评定

对已完成的单元工程应及时组织质量评定，已评定的各分部工程的单元工程合格率必须达到百分之百。

（3）试验工作

外购配件（如闸门、启闭机、监控系统等）必须有厂内试验记录、出厂合格证等资料，进场后按规定进行现场试验、验收并妥善保管，工程的主要材料（钢筋、水泥、止水片等）应有出厂合格证，质保书及进场抽检按规定存放砂石料等地材，混凝土、土、砂等应按规定取样并做试验。

3. 其他检查内容

（1）工程外观观感质量要好，无明显缺陷；

（2）对质量事故按照"三不放过"的原则进行处理；

（3）检查监理部质量管理情况；

（4）质量控制体系的建立以及落实情况；

（5）质量控制措施，及监理人员的工作质量；

（6）监理部内业管理情况。

工程质量巡查组由现场建设管理机构工程技术科技术人员、监理工程师、设计代表、施工单位质检人员等共同组成，每天对工地进行一次检查。检查主要内容有：检查施工单位三检制落实情况；检查工程各部位施工工艺、方法应该合理，符合规范要求；检查施工应有完整、详细的施工原始记录，例如质量自检、工程测量、放样、质量评定、验收等记录；检查隐蔽工程质量是否符合设计及有关规范要求；检查砂石料等质量及堆放是否符合规范要求；检查施工供电保证、安全措施，消除事故隐患；检查已完工程外观质量，如有缺陷，查清原因，进行改进；检查现场人员的数量及素质设备的数量及性能、材料的数量及质量与工程规模，进度是否相适应，能否满足工程质量要求；检查现场监理人员的监理工作。

（三）质量控制体系

监理单位根据所承担的监理任务向工程施工现场派出相应的监理机构，人员配备必须满足项目要求。监理工程师上岗必须持有水利部颁发的监理工程师岗位证书，一般监理人员上岗要进行岗前培训。

监理单位必须自觉接受水利工程质量监督机构对其监理资格质量检查体系及质量监理工作的监督检查。

1. 现场施工质量控制主要从以下三方面进行：

（1）单项工程或者某一工作开工前的检查；

（2）施工过程中的现场旁站监理和跟踪检查；

（3）各施工工序或者分部、单元工程的检查复验。

2. 单项工程或某一工作面开工前，承包方（施工单位）必须首先报送自检报告，包括建筑物测量资料；基础开挖成型后隐蔽工程自检验收表；混凝土开盘前的备料、拌和、输送情况；模板、钢筋、舱面、各种埋件的检查情况表；混凝土配料单；测量检查资料以及按技术规范应报送的其他各种资料等。

3. 监理工程师在收到各种验收资料后，先按规范和图纸要求进行核对与审查，然后在规定的时间之内赴现场对各工序情况进行复验检查。

4. 对各工程部位检查时，凡是与该部位有关的各专业监理人员均必须同时到场，分别负责有关检查工作，同时承包方的质检人员必须到场。检查合格后，各有关专业人员分别按照规定签字。

5. 地质监理工程师的检查内容主要是：地质情况是否与设计文件中的地质情况相符合，如不符合，应及时向设计单位反映并会同设计人员提出具体的处理意见。对于施工过程中发生的超挖或塌方等问题，应该进行客观的分析并判断其原因，及时提出合理化建议。

6. 测量监理工程师的检查内容主要有施工测量方法与精度、控制坐标、结构物高程尺寸、模板安装等。例如与设计要求和有关规范不符合，应按要求提出处理意见。

7. 材料试验监理工程师除对外购材料的材质证明和混凝土配料单进行审查外，尚须充分了解，掌握当地材料的质量等情况，并对混凝土开盘前的各种准备情况进行检查，同时还应进行混凝土的随机取样检查。各种材料必须符合设计及规范要求。

8. 机电及金属结构监理工程师应参加设备、材料的开箱检查验收；检查预埋件是否符合要求，设备安装质量是否达到标准；审查承包方报送的预埋、安装记录和工程自检报告，坚持不合格的产品不准进场安装，设备安装不符合规程、规范及设计图纸资料不签施工合格证书。

9. 监理工程师应对基础，支撑、木模、钢筋、舱面细部构造、预埋件等进行全面检查，如果有与规范、图纸不符之处，则应要求承包方进行处理，直至合格为止。

10. 监理工程师对工作面进行了检查并签证同意施工后，施工过程中必须进行监督检查，对一般部位可进行不定期监督和检查，对特殊部位和关键时段则要求及时跟班检查监督。

11. 现场监督是对施工过程的全面监督，包括现场人员、设备、材料进场计划和使用情况；所采用施工方法对工程进度和质量有无不利影响等，调查的各种情况均应在"监理日记"中详细记录。

12. 现场发现的问题，如果不立即纠正就会影响工程质量时，应该及时口头通知现场施工负责人，同时应及时报告总监理工程师。若问题重大，总监理工程师应及时督促有关专业监理工程师书面通知承包方。

13. 对现场发现问题的处理意见，在通知承包方前，应先在内部讨论，统一意见。专业监理工程师均不宜在现场随意表态，更不得在承包方面前争论。

14. 现场发现的问题，必要时需立即拍照或录像，注意收集第一手资料。

15. 混凝土拆模后应观测混凝土表面及块体外形尺寸有无缺陷。若有质量问题，应在审查承包方事故报告时，注意追查施工工艺，查明事故原因。

16. 对于工程质量事故，监理单位应协助调查事故原因，提出事故处理建议方案，并对处理结果检查验收。

（四）质量保证体系

工程质量保证体系由设计单位、土建施工单位、设备制造单位等有关单位共同组成。针对工程具体特点，各单位必须建立健全各自的质量保证体系，落实质量责任制，并主动接受质量监督项目站等上级有关部门对质量体系及工程质量的监督、检查。

1. 设计单位

设计单位必须加强质量控制，健全设计文件的审核、会签，批准制度。按合同规定进度提交勘测、设计成果，做好设计文件技术交底工作。在施工过程中应该随时掌握施工现场情况，优化设计，并在施工现场派驻设计代表，及时解决有关设计问题。

2. 土建施工单位、设备制造单位

土建施工单位、设备制造单位要推行全面质量管理，建立健全质量保证体系，制定和完善岗位质量规范质量责任及考核办法，落实质量责任制度。在施工过程中切实加强质量检验工作，认真执行"三检制"，切实做好工程质量的全过程控制，保证工程质量。负责本工程材料的考察、采购，以保证材料的及时供应，并制定相应的质量保证体系、质量责任制，保证供应材料的质量。

3. 建筑材料或工程设备

（1）有产品质量检验合格证明；

（2）有中文标明的产品名称、生产厂名和厂址；

（3）产品包装和商标式样符合国家有关规定和标准要求；

（4）工程设备应该有产品详细的使用说明书，电气设备还应附有线路图；

（5）实施生产许可证或实行质量认证的产品，应当具有相应的许可证或认证证书。

四、办理安全监督手续

项目法人应及时与安全监督站按所属权限办理安全监督手续。

县级以上地方人民政府建设行政主管部门对本行政区域内的建设工程安全生产实施监督管理。县级以上的地方人民政府交通、水利等有关部门在各自的职责范围内，负责本行政区域内的专业建设工程安全生产的监督管理。

项目法人在水利工程开工前，应当就地落实保证安全生产的措施进行全面系统的布置，明确施工单位的安全生产责任；第九条规定，项目法人应当组织编制保证安全生产的措施方案，并自开工报告批准之日起十五日内报有管辖权的安全生产监督机构备案。在建设过程中，安全生产情况发生变化时，应当及时对保证安全生产的措施方案进行调整，并报原备案机关。同时应提交以下材料：

1. 工程项目建设审批文件；

2. 施工现场总平面布置图及工程建设总体进度安排计划；

3. 项目法人与监理、施工、设备及材料供应单位签订的合同副本；

4. 项目法人、监理、勘测设计、施工、质量检测、设备及材料供应等参建单位基本情况；

6. 安全生产组织机构及施工企业主要负责人、项目负责人、专职安全管理人员安全生产考核情况；

7. 项目法人与中标单位签订的安全生产目标责任书；

8.安全施工组织设计文件和各种专项施工方案；

9.安全生产措施费用落实情况；

10.施工企业人身意外伤害保险的办理情况；

11.其他应该提交的文件和资料。

保证安全生产的措施方案应当根据有关法律法规，强制性标准和技术规范的要求并结合工程的具体情况编制，应当包括以下内容：

（1）项目概况；

（2）编制依据；

（3）安全生产管理机构及相关负责人；

（4）安全生产的有关规章制度制定情况；

（5）安全生产管理人员及特种作业人员持证上岗情况等；

（6）生产安全事故的应急救援预案；

（7）工程度汛方案、措施；

（8）其他有关事项。

拆除和爆破工程安全生产方案包括以下内容：

（1）施工单位资质等级证明；

（2）拟拆除或拟爆破的工程及可能危及相邻建筑物的说明；

（3）施工组织方案；

（4）堆放、清除废弃物的措施；

（5）生产安全事故的应急救援预案。

五、办理质量监督手续

1.建设工程质量监督机构是经省级以上建设行政主管部门考核认定具有独立法人资格的事业单位。根据建设行政主管部门的委托，依法办理建设工程项目质量监督登记手续。

2.凡是新建、改建、扩建的建设工程，在工程项目施工招标投标工作完成后，建设单位申请领取施工许可证之前，应携有关资料到所在地建设工程质量监督机构办理工程质量监督登记手续，填写工程质量监督登记表，并且按规定交纳工程质量监督费用。

3.建设单位办理建设工程质量监督登记时，应向工程质量监督机构提交以下有关资料：

（1）规划许可证；

（2）施工、监理中标通知书；

（3）施工、监理合同及其单位资质证书；

（4）施工图设计文件审查意见；

（5）其他规定需要的文件资料。

第二节　水利水电工程施工组织设计

一、水利水电工程施工组织设计要点

1.合理选择施工方案

在水利水电工程施工过程中，良好的施工方案是确保工程施工组织设计更加合理的重要前提和基础，对工程施工组织设计具有极其重要的作用。例如，良好的工程施工方案能够在很大程度上保证工程结构及其施工技术的可行性和经济合理性，这其中还包括工程施工顺序、施工方法以及施工技术特性等。一般情况下，良好的施工方案可有效地保证工程施工的连续性以及均衡性、确定工程施工相关强度的合理指标，提出与施工顺序、施工平面以及施工场地等相应的合理布置；并且通过对工程施工物资供应、材料消耗以及技术提供等的研究，为工程预算编制工作提供最基本的资料等。

2.合理布置施工平面

水利水电工程施工中，合理布置施工平面的目的是能够为主体工程的施工以及运行提供更加优秀的服务。同时，施工平面的合理布置，还能够更好地处理好施工现场与施工所需各项设施及建筑物间的复杂关系，使得在施工过程中，相关工作人员通过施工方案及施工进度规划的相关内容要求，对施工场地临时房屋建筑。临时水电管线以及材料仓库和相关附属生产企业等进行合理的规划和安排，以保证施工人员文明施工。

3.合理规划施工进度

进度控制作为工程项目建设的三大控制目标，是十分重要的。工程进度失控，必然导致人力、物力的增加，甚至可能影响工程质量和安全。拖延工期后赶进度，建设的直接费用将会增加，工程质量也容易出现问题。在关键时刻赶不上工期，错过有利的施工机会，将会造成重大损失。如果工期大幅度拖延，工程不能按期投产受益，这种损失将是巨大的，直接影响工程的投资效益。延误工期固然会导致经济损失，盲目地、不协调地加快工程进度，同样也是片面的，也会增加大量的非生产性的支出。工程建设各部位的施工进度统一步调，与资金投入、设备供应、材料供应以及移民征地等方面协调一致，并适应现场气候、水文、气象等自然规律，才能取得良好的经济效果。因此，进度控制就是以周密、合理的进度计划为指导，对工程施工进度进行跟踪检查，分析、调整与控制。

进度控制的主要文件有合同文件、进度计划、现场的管理性文件等。施工企业在投标阶段就应拟订切实可行的进度计划，施工期间应严格按照合同文件和进度计划进行施工。根据工程项目建设的特点，可以把整个施工过程分为若干个施工阶段，逐阶段加以控制，进而保证总工期按期或提前实现；按分包单位分解、确定各分标的阶段性进度目标，严格审核各分包单位的进度计划，各分包单位协调作业，保证工期的顺利完成；按专业工种分解，确定不同专业或者不同工种相互之间的交接日期，为了下一道工序的按时作业，保证工程进度，应该不在本工序上造成延误。工序的管理是项目各项管理的基础，通过掌握各道工序的完成质量及时间，能够控制各分部工程的进度计划。按工程工期及进度目标，将施工总进度分解成逐年、逐季、逐月进度计划。短期进度计划是长期进度计划的具体落实与保证。

4. 加强成本分析

（1）按照计划成本目标值来控制材料、设备的采购价格。采购前根据图纸要求选择多种符合条件的材料，并从价格、质量。发货速度和数量等多方面进行比较，选择物美价廉的产品，并且认真做好材料、设备进场数量和质量的检查，验收与保管。

（2）要控制材料的利用效率和消耗，如任务单管理，限额领料、验工报告审核等。同时要做好不可预见成本风险的分析和预控，包括编制相应的应急措施等。

（3）控制由工程变更或者其他因素所引起的效率影响和消耗量增加，做好由工程变更造成的工期延长的索赔。

（4）加强管理人员的成本意识和控制能力，实行项目经理责任制，落实成本管理的组织机构和人员，明确各级施工成本管理人员的任务和职能分工、权利和责任。

（5）承包人必须有一套健全的项目财务管理制度。按规定的权限和程序对项目资金的使用和费用的结算支付进行审核、审批，使其成为施工成本控制的一个重要手段。

（6）施工过程中采用有效降低成本的技术措施；如结合施工方法，进行材料使用的比选，在满足功能要求的前提下，通过代用、改变配合比、使用添加剂等方法降低材料的消耗。

5. 质量管理

（1）材料的质量控制。工程项目是由各种建筑材料、辅助材料。成品、半成品、构配件等构成的实体，这些构成物本身的质量及其质量控制工作，对工程质量具有十分重要的影响。由此可见，材料质量是工程质量的基础，材料质量不符合要求，工程质量也就不符合标准。所以加强材料的质量控制是提高工程质址的重要保证。

（2）施工方法或工艺的质量控制。施工方案合理与否、施工方法和工艺先进与否，均会对施工质量产生极大的影响，是直接影响工程项目的进度控制、质量控制、投资控制三大目标能否顺利完成的关键。在施工实践中，由于施工方案考虑不周，施工工艺落后而造成施工进度迟缓、质量下降、投资增加等情况时有发生。为此，在制订施工方案和施工工艺时，必须结合工程实际，从技术、管理、经济、组织等方面进行全面分析，综合考虑，采取科学合理的施工方法，确保施工方案、施工工艺在技术上可行，在经济上合理，且有利于提高施工质量。

（3）人的质量控制。工程质量取决于工序质量和工作质量，工序质量又取决于工作质量，而工作质量取决于工程建设的直接参与者，参与建设的人员的技术水平、文化修养、心理行为、职业道德身体条件等因素，直接影响到工程质量的好坏。人作为控制的对象，要避免产生失误，要充分调动人的积极性，发挥"人是第一因素"的主导作用。

6. 环境保护

环境因素的控制，主要有技术环境、施工管理环境及自然环境等。技术环境因素包括施工所用的规程、规范、设计图纸及质量评定标准。施工管理环境因素包括质量保证体系、三检制、质量管理制度、质量签证制度、质量奖惩制度等。自然环境因素包括工程地质、水文、气象、温度等。这些因素对施工质量的影响具有复杂而多变的特点，尤其是某些环境因素更是如此。因此，加强环境控制，改进作业条件，把握好技术环境。辅以必要措施，是控制环境对质量影响的重要保证。

二、水利水电项目规范化管理措施

1. 健全项目施工管理机制

水利水电工程实施过程中，所涉及的施工量比较庞大，容易受到自然环境因素的影响，并且是由国家财政来对其实施长期的投资与管理。工程项目在实施的过程中，所耗费的时间较长，其工程质量的好坏，也直接决定着国家防洪工作和投资效益的正常发挥。企业要制订操作性强的项目管理目标责任书，应以职能部门为依托，深入工地监督检查，使项目管理的各项责任目标始终处于受控状态。一个中型左右的水利水电工程国家投资动辄数百万至上千万元，仅靠完工终结来进行评价，必将加大项目管理的风险。所以要建立科学合理的项目管理考核评价制度，把项目考核评价作为项目管理新的起点。树立持续改进的思想观念，促进项目管理的规范化。

2. 统筹兼顾、保证施工管理的有效实施

水利水电工程项目在实施过程中，需要对施工技术质量管理工作做到有效认识，保证在项目实施过程中，能够有序合理地进行。对于施工技术的管理来说，在不同时期的施工阶段，所存在的内容也有着很大程度的不同。因此在施工管理中。需要在解决技术问题的基础上，做到统筹兼顾，做好项目施工管理工作。另外，技术管理应该贯彻施工管理的全过程，随时协调各阶段施工作业之间在空间布置与时间安排的关系。水利水电工程在实施过程中，还需要做到对新技术、新材料及新型工艺的有效应用，只有这样，才能够响应时代发展的需求，同时为未来的科学发展奠定重要的基础。

3. 全面做好员工培训工作

施工管理过程中，需要做到以人为本，工程项目负责人，应该做到全面负责对员工的教育培训工作。在培训过程中，需要做到有层次、有针对性，做到对内容重点的有效突出。不断提升全体员工的操作技能、安全意识及施工进度的强化意识。教育培训工作并不是一劳永逸的，而是一项基础性质的工作，需要在实施过程中花费大量的时间与精力。

4. 积极改进施工组织设计方案

（1）编制合理的施工组织设计方案，必须保证施工方案技术上的可行性与经济上的合理性相统一。

（2）充分应用系统理念和方法，建立一套科学、健全，且符合自身发展实际的施工组织编制标准，以此来避免或者减少重复劳动。

（3）将水利施工组织设计进行模块化编制，并且积极引入一些先进的现代信息技术，通过不同模块的优化组合，来减少施工中的无效劳动。

（4）工程施工组织设计的内容必须做到简明扼要，与实际相结合，同时还能突出重点，以满足工程招标投标及各项规定的要求。并能够有效体现企业自身的实力。

（5）正确评估工程施工组织设计图纸的合理性以及经济性。

（6）建立一套科学、健全及规范的关于工程施工质量管理的体系，并将其与施工组织设计有机结合起来。

面对日益激烈的市场竞争环境，作为水利水电工程中的重要组成部分，施工组织设计的合理与否直接关系看工程最终的施工质量及经济效益。因此，施工单位及管理人员必须加强对工程施工组织设计的研究，努力采取各种措施合理优化工程设计方案，并有效组织工程施工，以此降低工程造价、提高工程整体质量和效益。

三、水利水电混凝土施工管理要点

1. 质量管理发展的最新阶段就是全面质量管理

在全面质量管理中，质量这个概念和全部管理目标的实现有关，它的特点是：把过去的以事后检验和把关为主转变为以预防为主，从管结果转变为管因素；从过去的就事论事、分散管理，转变为以系统的观点为指导进行全面的综合治理；突出以质量为中心，围绕质量开展全员的工作；由单纯符合标准转变为满足顾客需要；并强调不断改进过程的质量，进而不断改进产品质量。开展全面质量管理的基本要求可以概括为"三全一多样"，即全员的质量管理，全过程质量管理，全企业的质量管理和多方法的质量管理。

2. 在实际工作中，往往对质量控制不严格，使工程出现各种不同的问题

基础设施建设是百年大计，是关系到国计民生的大事。质量责任重于泰山。为了避免"豆腐渣"工程的出现，就要本着对国家、对人民，更是对企业前途和个人负责的态度，不折不扣地加强质量意识、强化质量管理。大坝混凝土浇筑和相关的工程设施，从设计、施工到投入运行，质量是一项贯穿始终的要求。由于大坝浇筑一般有着体积大、寿命长、安全系数要求高的特点，建成一个高质量、高效益、高运行状态的大坝是水电建筑的中心议题。从质量控制的总体而言，很多的质量问题虽然有技术原因。但绝大多数则是由管理不善造成的。因此。施工质量管理在整个施工过程中有着无法替代的地位。

3. 搞好全面质量管理工作必须做好一系列的基础工作

它是企业建立质量体系、开展质量管理活动的立足点和依据，也是质量管理活动取得成效和质量体系有效运转的前提和保证。基础工作的好坏，决定了企业全面质量管理的水

平，也决定了企业能否面向市场长期地提供满足用户需要的产品。基础工作包括标准化工作、质量工作、质量信息工作、质量责任制和质量教育工作。

4.市场经济是竞争的经济，企业生存和发展依靠竞争

竞争依靠企业的良好信誉。企业的信誉，重要的一条就是靠投标单位的经济实力。随着市场经济的不断完善，每一个中标的工程都需要加强管理才能取得利润，混凝土工程址的多少，质量的优劣，工时、机械台时的利用，资源、能源的消耗，资金周转的快慢等，都会直接地或间接地在成本中反映。运用成本管理这个手段，就可以对上述这些方面起到组织和促进作用，因此必须在经济活动的全过程中，实行科学的、全面的、综合的成本管理。成本管理包括成本预测、成本计划、成本控制、成本核算以及成本分析和考核。成本管理中最重要的就是控制成本，就是在工程施工的整个过程中，通过对工程成本形成的预防。监督和及时纠正发生的偏差，使施工成本费用被控制在成本计划范围内，以实现降低成本的目标。

混凝土在水利水电建设过程中起着十分重要的作用，尤其是在修建大坝时，所需主要的材料就是混凝土，它所需要的费用几乎占整个水利工程投资的二分之一以上。虽然我国在水利水电建设上发展较晚，但是由于我国经济还处于转型时期，所以在管理水利水电工程时还存在很多粗放型的因素，这也直接导致混凝土施工管理存在缺陷，造成混凝土施工质量受到严重影响。针对这个问题，必须对水利水电工程中混凝土施工的管理问题给予足够重视，提高我因施工企业的管理水平，这样才能保证我国水利水电工程的质量，从而促进我国社会与经济的快速发展。

进行观念的更新，不断深入发展可持续发展观念，在施工方面要不断应用生态学理论知识，也就是要进行绿色建筑。建筑和环境在人类对于自然环境影响方面有着非常重要地位，可以直接影响到人们健康。随着人们经济生活水平不断提高和科学技术不断发展，人们对于居住质量也非常重视，要求相关人员能够实施科学性和实用性的组织工作。

对于施工组织设计要进行非常合理的设计和规划工作，项目施工到竣工都要全程进行验收、进行综合性技术发展规划和设计，对于人力物力和技术等方面都要进行全面和合理安排和沟通设计，为施工单位编制和企业可以进行提供依据，组织物质技术依据，保证施工工作可以顺利进行。

水利水电施工组织设计的主要措施研究，主要就是要非常注意施工组织设计和项目建设有关法规和标准对于工程施工和招标文件和工程设计文件要进行地区工程勘察和技术经济资料发展对策，在施工企业自身组织机构和项目组织项目中，要得到行政部门批准，建设单位要和工程资源进行相应工程建设质量管理措施对于工程建设质量和健康环保的法规和技术要一定标准化研究。

另外，要非常合理地进行施工方案部署工作。对于整个项目要进行一定统筹规划和全局性措施研究，明确施工总体设计方案，对于工程具体情况要根据建设要求进行充分了解。对于工程设计任务资源和时间要进行过总体安排，保证工程施工方案，合理进行工程研究，

单位施工单位要进行一定安排和部署工作，建设项目质量、进度和节能管理等几个方面都要进行一定标准化的管理，在建设项目中还要投入人员数量和工程进度进行一定规划，还要进行机械设备计划，工程项目组建情况和构架，项目重要管理人员的岗位要进行一定责任分工，施工技术要进行一定准备工作，工序管理要非常合理布置。

规划阶段对于水利水电工程来说有着很重要的作用，能够帮助管理者对施工的周围环境、地质水文、社会关系进行详细了解，进而制定出更加科学、合理的施工方案全面保障投资者的经济效益，并使水利水电工程达到良好的使用效果。因此，对水利水电工程的前期规划和项目可行性分析是非常重要的，是工程项目顺利实施的基础。在水利水电工程的规划及项目筹建阶段，应对建设方案的施工条件，主要施工难点以及可实现性进行规划和分析，并根据施工条件和基本情况，需要从施工角度出发，对水利水电工程进行可行性论证，初步拟定施工方案，进行施工组织设计，从不同坝址的建设条件进行技术经济综合比对论证，全面论证设计方案在施工技术上的可能性和经济上的合理性，优选设计方案，对其中的某些重大技术问题，提出专题报告。

第三章　土石方工程建设

第一节　土石的分类和作业

一、土石的分类

土石的种类繁多，其工程性质会直接影响土石方工程的施工方法、劳动力消耗、工程费用和保证安全的措施，应该予以重视。

（一）按开挖方式分类

土石按照坚硬程度和开挖方法以及使用工具分为松软土、普通土、坚土、砂砾坚石、软石、次坚石、坚石、特坚石等八类。

（二）按性状分类

土石按照性状亦可分为岩石、碎石土、砂土、粉土、黏性土和人工填土。

二、土石方作业

（一）土石方开挖

1.土方开挖方式

（1）人工开挖

在我国的水利工程施工中，一些土方量和不便于机械化施工的地方，用人工挖运比较普遍。挖土用铁锹、镐等工具。

人工开挖渠道时，应自中心向外，分层下挖，先深后宽，边坡处可按边坡比挖成台阶状，待挖至设计要求时，再进行削坡。应尽可能做到挖填平衡，必须弃土时，应先规划堆土区，做到先挖后倒，后挖近倒，先平后高。一般下游应该先开工，并且不得阻碍上游水量的排泄，以保证水流畅通。

（2）机械开挖

开挖和运输是土方工程施工的两项主要工程，承担这两个工程施工的机械是各类挖掘机械、铲运机械和运输机械。

（3）机械化施工的基本原则

①充分发挥主要机械的作业。

②挖运机械应根据工作特点配套选择。

③机械配套要有利于使用、维修和管理。

④加强维修管理工作，充分发挥机械联合作业的生产力，提高时间利用系数。

⑤合理布置工作面，改善道路条件，减少连续运转时间。

（4）机械化施工方案选择

土石方工程量大，挖、运、填、压等多个工艺环节环环相扣，因此选择机械化施工方案通常应该考虑以下原则：

①适应当地条件，保证施工质量，生产能力满足整个施工过程的要求。

②机械设备机动、灵活、高效、低耗、运行安全、耐久可靠。

③通用性强，能承担先后施工的工程项目，设备利用率高。

④机械设备要配套，各类设备均能充分发挥效率，特别应注意充分发挥主导机械的效率。

⑤应该从采料工作面、回车场地、路桥等级、卸料位置、坝面条件等方面创造相适应的条件，以便充分发挥挖、运、填、压各种机械的效能。

2.石方开挖方式

从水利工程施工的角度考虑，选择合理的开挖顺序，对加快工程进度和保障施工安全具有重要作用。

（1）开挖程序

水利水电的石方开挖，一般包括岸坡和基坑的开挖。岸坡开挖一般不受季节的限制，而基坑开挖则多在围堰的防护下施工，也是主体工程控制性的第一道工序。

（2）开挖方式

①基本要求

在开挖程序确定之后，根据岩石的条件、开挖尺寸、工程量和施工技术的要求，拟定合理的开挖方式。

②各种开挖方式的适用条件

按照破碎岩石的方法，主要有钻爆开挖和直接应用机械开挖两种施工方法。

3.土石方开挖安全规定

土石方开挖作业的基本规定：

第一，土石方开挖施工前，应掌握必要的工程地质、水文地质、气象条件、环境因素等勘测资料，根据现场的实际情况，制订施工方案。施工中应遵循各项安全技术规程和标准，按施工方案组织施工，在施工过程中注重加强对人、机、物、料、环等因素的安全控制，保证作业人员、设备的安全。

第二，开挖过程中应该注意工程地质的变化，遇到不良地质构造和存在事故隐患的部位需要时采取防范措施，并且设置必要的安全围栏和警示标志。

第三，开挖程序应遵循自上而下的原则，并采取有效的安全措施。

第四，开挖过程中，应采取有效的截水、排水措施，防止地表水和地下水影响开挖作业和施工安全。

第五，应合理确定开挖边坡比，以及时制订边坡支护方案。

（1）土方明挖

土方明挖的种类主要有以下几种：有边坡的挖土作业、有支撑的挖土作业、土方挖运作业、土方爆破开挖作业和土方水力开挖作业。

（2）土方暗挖

一般常用机械进行挖装、运卸作业，采用全断面隧洞掘进机开挖隧洞，在土质松软岩层中可用盾构法施工。

（3）石方明挖

石方开挖，除松软岩石可用松土器以凿裂法开挖外，一般需要以爆破的方法进行松动、破碎。

（4）石方暗挖

石方暗挖是不对地表进行开挖的情况下（一般入口和出口有小面积的开挖），进行地下洞室、隧道的施工。该方法对地表的干扰小，具有较高的社会经济效果。

（二）土石方爆破

1. 一般规定

（1）土石方爆破工程应由具有相应爆破资质和安全生产许可证的企业承担。爆破作业人员应取得有关部门颁发的资格证书，才能持证上岗。爆破工程作业现场应由具有相应资格的技术人员负责指导施工。

（2）爆破前应对爆区周围的自然条件和环境状况进行调查，了解危及安全的不利环境因素，采取必要的安全防范措施。

（3）爆破作业环境有下列情况时，严禁进行爆破作业：

①爆破可能产生不稳定边坡、滑坡、崩塌的危险。

②爆破可能危及建筑物、公共设施或人员的安全。

③恶劣天气条件下。

（4）爆破作业环境有下列情况时，不应进行爆破作业：

①药室或炮孔温度异常，而无有效针对措施。

②作业人员和设备撤离通道不安全或堵塞。

（5）装药工作应遵守下列规定：

①装药前应对药室或炮孔进行清理和验收。

②爆破装药量应根据实际地质条件和测量资料计算确定；当炮孔装药量与爆破设计量差别较大时，应经爆破工程技术人员核算同意后方可调整。

③应该使用木质或竹质炮棍装药。

④装起爆药包、起爆药柱和敏感度高的炸药时，严禁投掷或者冲击。

⑤装药深度和装药长度应符合设计要求。

⑥装药现场严禁烟火和使用手机。

（6）填塞工作应遵守下列规定：

①装药后必须保证填塞质量，深孔或浅孔爆破不得采用无填塞爆破。

②不得使用石块和易燃材料填塞炮孔。

③填塞时不得破坏起爆线路；发现有填塞物卡孔应及时进行处理。

④不得用力捣固直接接触药包的填塞材料或用填塞材料冲击起爆药包。

⑤分段装药的炮孔，其间隔填塞长度应按设计要求执行。

2. 作业要求

下面将介绍浅孔爆破、深孔爆破及光面爆破或预裂爆破三种爆破方法的作业要求。

（1）浅孔爆破

①浅孔爆破宜采用台阶法爆破。在台阶形成之前进行爆破时应加大警戒范围。

②装药前应进行验孔，对于炮孔间距和深度偏差大于设计允许范围的炮孔，应由爆破技术负责人提出处理意见。

③装填的炮孔数量，应以当天一次爆破为限。

④起爆前，现场负责人应对防护体和起爆网络进行检查，并对不合格处提出整改措施。

⑤起爆后，至少五分钟后方可进入爆破区检查。当发现问题时，应立即上报并提出处理措施。

（2）深孔爆破

①深孔爆破装药前必须进行验孔，同时应将炮孔周围的碎石、杂物清除干净；对孔口岩石不稳固者，应进行维护。

②有水炮孔应使用抗水爆破器材。

③装药前应对第一排各炮孔的最小抵抗线进行测定，当有比设计量小抵抗线差距较大的部位时，应采取调整药量或间隔填塞等相应的处理措施，使其符合设计要求。

④深孔爆破宜采用电爆网络或导爆管网络起爆，大规模深孔爆破应预先进行网络模拟试验。

⑤在现场分发雷管时，应认真检查雷管的段别编号，并应由有经验的爆破工和爆破工程技术人员连接起爆网络，并经现场爆破和设计负责人检查验收。

⑥装药和填塞过程中，应保护好起爆网络；当发生装药卡堵时，不得用钻杆捣捅药包。

⑦起爆后，应至少经过十五分钟并等待炮烟消散后方可进入爆破区检查。当发现问题时，应立即上报并提出处理措施。

（3）光面爆破或预裂爆破

①高陡岩石边坡应该采用光面爆破或预裂爆破开挖。钻孔、装药等作业应在现场爆破工程技术人员指导监督下，由熟练爆破工操作。

②施工前应做好测量放线和钻孔定位工作，钻孔作业应做到"对位准、方向正、角度直"。

③光面爆破或预裂爆破宜采用不耦合装药，应按设计装药量、装药结构制作药串。药串加工完毕后应标明编号，并按药串编号送入相应炮孔内。

④填塞时应保护好爆破引线，填塞质量应符合设计要求。

⑤光面爆破网络采用导爆索连接引爆时，应对裸露地表的导爆索进行覆盖，降低爆破冲击波和爆破噪声。

（三）土石方填筑

1. 土石方填筑的一般要求

（1）土石方填筑应按施工组织设计进行施工，不应危及周围建筑物的结构或施工安全，不应危及相邻设备、设施的安全运行。

（2）填筑作业时，应注意保护相邻的平面、高程控制点，防止碰撞造成移位及下沉。

（3）夜间作业时，现场应有足够照明，在危险地段设置明显的警示标志和护栏。

2. 陆上填筑应遵守下列规定

（1）用于填筑的碾压、打夯设备，应按照厂家说明书规定操作和保养，操作者应持有效的上岗证件。进行碾压、打夯时应有专人负责指挥。

（2）装载机、自卸车等机械作业现场应设专人指挥，作业范围内不应有人平土。

（3）电动机械运行，应严格执行"三级配电两级保护"和"一机、一闸、一漏、一箱"要求。

（4）人力打夯时工作人员精神应集中，动作应一致。

（5）基坑土方回填时，应先检查坑、槽壁的稳定情况，用小车卸土不应撒把，坑、槽边应设横木车挡。卸土时，坑槽内不能有人。

（6）基坑的支撑，应根据已回填的高度，按施工组织设计要求依次拆除，不应提前拆除坑、槽内的支撑。

（7）基础或管沟的混凝土、砂浆应达到一定的强度，当其不致受损坏时方可进行回填作业。

（8）已完成的填土应将表面压实，且宜做成一定的坡度以利排水。

（9）雨天不应进行填土作业。如需施工，应分段尽快完成，且宜采用碎石类土和砂土、石屑等填料。

（10）基坑回填应分层对称，防止造成一侧压力，引起不平衡，破坏基础或构筑物。

（11）管沟回填，应从管道两边同时进行填筑并夯实。填料超过管顶零点五厚时，方可用动力打夯，不宜用振动辗压实。

3. 水下填筑应该遵守下列规定

（1）所有施工船舶航行、运输、驻位、停靠等应参照水下开挖中船舶相关操作规程的内容执行。

（2）水下填筑应按设计要求和施工组织设计确定施工程序。

（3）船上作业人员应穿救生衣、戴安全帽，并经过水上作业安全技术培训。

（4）为了保证抛填作业安全及抛填位置的准确率，宜选择在风力小于三级、浪高小于零点五的风浪条件下进行作业。

（四）土石方施工安全防护设施

1. 土石方开挖施工的安全防护设施

（1）土石方明挖施工应符合下列要求

①作业区应有足够的设备运行场地和施工人员通道。

②悬崖、陡坡、陡坎边缘应有防护围栏或明显警告标志。

③施工机械设备颜色鲜明，灯光、制动、作业信号、警示装置齐全可靠。

④凿岩钻孔宜采用湿式作业，若采用干式作业必须有捕尘装置。

⑤供钻孔用的脚手架，必须设置牢固的栏杆，开钻部位的脚手板必须铺满绑牢，架子结构应符合有关规定。

（2）在高边坡、滑坡体、基坑、深槽及重要建筑物附近开挖，应有相应可靠防止坍塌的安全防护和监测措施。

（3）在土质疏松或较深的沟、槽、坑、穴作业时应设置可靠的挡土护栏或固壁支撑。

（4）坡高大于五米、小于一百米，坡度大于四十五度的低、中、高边坡和深基坑开挖作业，应符合下列规定：

①清除设计边线外五米范围内的浮石、杂物。

②修筑坡顶截水天沟。

③坡顶应设置安全防护栏或防护网，防护栏高度不得低于二米，护栏材料宜采用硬杂圆木或竹跳板，圆木直径不得小于十厘米。

④坡面每下降一层台阶应进行一次清坡，对不良地质构造应采取有效的防护措施。

（5）坡高大于一百米的超高边坡和坡高大于三百米的特高边坡作业，应符合下列规定：

①边坡开挖爆破时应做好人员撤离及设备防护工作。

②边坡开挖爆破完成二十分钟后，由专业爆破工进入爆破现场进行爆后检查，存在哑炮及时处理。

③在边坡开挖面上设置人行及材料运输专用通道。在每层马道或栈桥外侧设置安全栏杆，并布设防护网及挡板。安全栏杆高度要达到二米以上，采用竹夹板或木板将马道外缘或底板封闭。施工平台应专门设置安全防护围栏。

④在开挖边坡底部进行预裂孔施工时，应用竹夹板或木板做好上下立体防护。

⑤边坡各层施工部位移动式管、线应该避免交叉布置。

⑥边坡施工排架在搭设及拆除前，应详细进行技术交底和安全交底。

⑦边坡开挖、甩渣、钻孔产生的粉尘浓度按规定进行控制。

（6）隧洞洞口施工应符合下列要求：

①有良好的排水措施。

②应及时清理洞脸，及时锁口。在洞脸边坡外侧应设置挡渣墙或积石槽，或在洞口设置网或木构架防护棚，其顺洞轴方向伸出洞口外长度不得小于五米。

③洞口以上边坡和两侧岩壁不完整时，应采用喷锚支护或混凝土永久支护等措施。

（7）洞内施工应符合下列规定：

①在松散、软弱、破碎、多水等不良地质条件下进行施工，对洞顶、洞壁应采用锚喷、预应力锚索、钢木构架或混凝土衬砌等围岩支护措施。

②在地质构造复杂、地下水丰富的危险地段和洞室关键地段，应根据围岩监测系统设计和技术要求，设置收敛计、测缝计、轴力计等监测仪器。

③进洞深度大于洞径五倍时，应采取机械通风措施，送风能力必须满足施工人员正常呼吸需要，并能满足冲淡、排除爆炸施工产生的烟尘需要。

④凿岩钻孔必须采用湿式作业。

⑤设有爆破后降尘喷雾洒水设施。

⑥洞内使用内燃机施工设备，应配有废气净化装置，不得使用汽油发动机施工设备。

⑦洞内地面保持平整、不积水、洞壁下边缘应设排水沟。

⑧应定期检测洞内粉尘、噪声、有毒气体。

⑨开挖支护距离：Ⅱ类围岩支护滞后开挖十至十五米，Ⅲ类围岩支护滞后开挖五至十米，Ⅳ类、Ⅴ类围岩支护紧跟掌子面。

⑩相向开挖的两个工作面相距三十米爆破时，双方人员均需撤离工作面。相距十五米时，应停止一方工作。

⑪爆破作业后，应安排专人负责及时清理洞内掌子面、洞顶及周边的危石。遇到有害气体、地热、放射性物质时，必须采取专门措施并设置报警装置。

（8）斜、竖井开挖应符合下列要求：

①及时进行锁口。

②井口设有高度不低于一点二米的防护围栏。围栏底部距零点五米处应全封闭。

③井壁应设置人行爬梯。爬梯应锁定牢固，踏步平齐，设有拱圈和休息平台。

④施工作业面与井口应有可靠的通信装置和信号装置。

⑤井深大于十米应设置通风排烟设施。

⑥施工用风、水、电管线应沿井壁固定牢固。

2. 爆破施工安全防护设施

（1）工程施工爆破作业方圆三百米区域为危险区域，危险区域内不得有非施工生产设施。对危险区域内的生产设施设备应采取有效的防护措施。

（2）爆破危险区域边界的所有通道应设有明显的提示标志或标牌，标明规定的爆破时间和危险区域的范围。

（3）区域内设有有效的音响和视觉警示装置，使危险区内人员都能清楚地听到和看到警示信号。

3. 土石方填筑施工安全防护设施

（1）土石方填筑机械设备的灯光、制动、信号、警告装置齐全可靠。

（2）截流填筑应设置水流流速监测设施。

（3）向水下填掷石块、石笼的起重设备，必须锁定牢固，人工抛掷应有防止人员坠落的措施和应急施救措施。

（4）自卸汽车向水下抛投块石、石渣时，应与周边保持足够的安全距离，应有专人指挥车辆卸料，夜间卸料时，指挥人员应穿反光衣。

（5）作业人员应穿戴救生衣等防护用品。

（6）土石方填筑坡面碾压、夯实作业时，应设置边缘警戒线，设备、设施必须锁定牢固，工作装置应有防脱、防断措施。

（7）土石方填筑坡面整坡、砌筑应设置人行通道，双层作业时设置遮挡护栏。

第二节　边坡工程施工技术

边坡工程是为满足工程需要而对自然边坡和人工边坡进行改造的工程，根据边坡对工程影响的时间差别，可分为永久边坡和临时边坡两类；根据边坡与工程的关系，可分为建构筑物地基边坡、邻近边坡和影响较小的延伸边坡。

一、边坡稳定因素

（一）边坡稳定因素

边坡失稳坍塌的原因是边坡土体中的剪应力大于土的抗剪强度。凡能影响土体中的剪应力、内摩擦力和凝聚力的，都能影响边坡的稳定。

1. 土类别的影响

不同类别的土，其土体的内摩擦力和凝聚力不同。例如，砂土的凝聚力为零，只有内摩擦力，靠内摩擦力来保持边坡的稳定平衡；而黏性土则同时存在内摩擦力和凝聚力。因此不同的土能保持其边坡稳定的最大坡度不同。

2.土的含水率的影响

土内含水越多，土壤之间产生润滑作用越强，内摩擦力和凝聚力越小，因而土的抗剪强度降低，边坡就越容易失稳。同时，含水率增加，使土的自重增加，裂缝中产生静水压力，增加了土体的内剪应力。

3.气候的影响

气候使土质变软或变硬，如冬季冻融又风化，可降低土体的抗剪强度。

4.基坑边坡上附加荷载或者外力的影响

附加荷载或者外力的增加能使土体的剪应力大大增加，甚至超过土体的抗剪强度，使边坡失去稳定而塌方。

（二）土方边坡的最陡坡度

为了防止塌方，保证施工安全，当土方达到一定深度时，边坡应做成一定的深度，土石方边坡坡度的大小和土质、开挖深度、开挖方法、边坡留置时间的长短、排水情况、附近堆积荷载有关。开挖深度越深，留置时间越长，边坡理应设计得平缓一些；反之则可陡一些。边坡可以做成斜坡式，亦可做成踏步式。

（三）挖方直壁不加支撑的允许深度

土质均匀且地下水位低于基坑（槽）或管沟的底面标高时，其边坡可做成直立壁不加支撑，挖方深度应根据土质确定。

二、边坡支护

在基坑或者管沟开挖时，常因受场地的限制不能放坡或者为了减少挖填的土石方量、工期及防止地下水渗入等要求，一般采用设置支撑和护壁的方法。

（一）边坡支护的一般要求

1.施工支护前，应根据地质条件、结构断面尺寸、开挖工艺、围岩暴露时间等因素进行支护设计，制定详细的施工作业指导书，并向施工作业人员进行交底。

2.施工人员作业前，应认真检查施工区的围岩稳定情况，必要时应进行安全处理。

3.作业人员应根据施工作业指导书的要求，及时进行支护。

4.开挖期间和每茬炮后，都应对支护进行检查维护。

5.对不良地质地段的临时支护，应结合永久支护进行，即在不拆除或部分拆除临时支护的条件下，进行永久性支护。

6.施工人员作业时，应佩戴防尘口罩、防护眼镜、防尘帽、安全帽、雨衣、雨裤、长筒胶靴和乳胶手套等劳保用品。

（二）锚喷支护

锚喷支护应遵守下列规定：

1.施工前，应通过现场试验或依工程类比法，确定合理的锚喷支护参数。

2. 锚喷作业的机械设备，应布置在围岩稳定或已经支护的安全地段。

3. 喷射机、注浆器等设备，应在使用前进行安全检查，必要时应在洞外进行密封性能和耐压试验，满足安全要求后方可使用。

4. 喷射作业面，应采取综合防尘措施降低粉尘浓度，如采用湿喷混凝土。有条件时，可设置防尘水幕。

5. 岩石渗水较强的地段，喷射混凝土之前应设法把渗水集中排出。喷后也应钻排水孔，防止喷层脱落伤人。

6. 凡锚杆孔的直径大于设计规定的数值时，不应安装锚杆。

7. 锚喷工作结束后，应指定专人检查锚喷质量，若喷层厚度有脱落、变形等情况，应及时处理。

8. 砂浆锚杆灌注浆液时应遵守下列规定：第一，作业前应检查注浆罐、输料管、注浆管是否完好。第二，注浆罐有效容积应不小于 0.02 m³，其耐力不小于 0.8 MPa（8 kg/cm²），使用前应进行耐压试验。第三，作业开始（或中途停止时间超过 30 min）时，应用水或 0.5 ~ 0.6 水灰比的纯水泥浆润滑注浆罐及其管路。第四，注浆工作风压应逐渐升高。第五，输料管应连接紧密。直放或大弧度拐弯不应有回折。第六，注浆罐与注浆管的操作人员应相互配合，连续进行注浆作业，罐内储料应保持在罐体容积的 1/3 左右。

9. 喷射机、注浆器、水箱、油泵等设备，应安装压力表和安全阀，使用过程中如发现破损或失灵时，应立即更换。

10. 施工期间应经常检查输料管、出料弯头、注浆管及各种管路的连接部位，如发现磨薄、击穿或连接不牢等现象，应立即处理。

11. 带式上料机及其他设备外露的转动和传动部分，应设置保护罩。

12. 施工过程中进行机械故障处理时，应停机、断电、停风；在开机送风、送电之前应预先通知有关的作业人员。

13. 作业区内严禁在喷头和注浆管前方站人；喷射作业的堵管处理，应尽量采用敲击法疏通，若采用高压风疏通时，风压不应大于 0.4 MPa（4 kg/cm²），并将输料管放直，握紧喷头，喷头不应正对有人的方向。

14. 当喷头（或注浆管）操作手与喷射机（或注浆器）操作人员不能直接联系时，应有可靠的联系手段。

15. 预应力锚索和锚杆的张拉设备应安装牢固，操作方法应符合有关规程的规定，正对锚杆或锚索孔的方向严禁站人。

16. 高度较大的作业台架安装，应牢固可靠，设置栏杆；作业人员应系安全带。

17. 竖井中的锚喷支护施工应遵守下列规定：

（1）采用溜筒运送喷混凝土的干混合料时，井口溜筒喇叭口周围应封闭严密。

（2）喷射机置于地面时，竖井内输料钢管宜用法兰联结，悬吊应垂直固定。

（3）采取措施防止机具、配件和锚杆等物件掉落伤人。

18.喷射机应密封良好，妥善处理从喷射机排出的废气。

19.应适当减少锚喷操作人员连续作业时间，定期进行健康体检。

（三）构架支撑

1.构架支撑包括木支撑、钢支撑、钢筋混凝土支撑及混合支撑。其架设应遵守下列规定：

（1）采用木支撑的应严格检查木材质量。

（2）支撑立柱应放在平整岩石面上，并挖柱窝。

（3）支撑和围岩之间，应用木板、楔块或小型混凝土预制块塞紧。

（4）危险地段，支撑应跟进开挖作业面；必要时，可采取超前固结的施工方法。

（5）预计难以拆除的支撑应采用钢支撑。

（6）支撑拆除时应有可靠的安全措施。

2.支撑应经常检查，发现杆件破裂、倾斜、扭曲、变形或其他异常征兆时，应仔细分析原因，采取可靠措施进行处理。

第三节 坝基开挖施工技术

进行岩基开挖，通常是在充分明确坝址的工程地质资料、明确水工设计要求的基础上，结合工程的施工条件，由地质、设计、施工各方面人员一起进行研究，确定坝基的开挖深度、范围及开挖形态。如发现重大问题，应及时协商处理，修改设计，报上级审批。

一、坝基开挖的特点

在水利水电工程中坝基开挖的工程量达数万立方米，甚至达数十万、百万立方米，需要大量的机械设备（钻孔机械、土方挖运机械等）、器材、资金和劳力。工程地质复杂多变，如节理、裂隙、断层破碎带、软弱夹层和滑坡等，还受河床岩基渗流的影响和洪水的威胁，需占用相当长的工期，从开挖程序来看属多层次的立体开挖作业。因此，经济合理的坝基开挖方案及挖运组织，对安全生产和加快工程进度具有重要的意义。

二、坝基开挖的程序

岩基开挖要保证质量，加快施工进度，做到安全施工，必须要按照合理的开挖程序进行。开挖程序因各工程的情况不同而不尽统一，但一般都以人身安全为原则，遵守自上而下、先岸后坡基坑的程序进行，即按事先确定的开挖范围，从坝基轮廓线的岸坡部分开始，自上而下、分层开挖，直至坑基。

对大、中型工程来说，当采用河床内导流分期施工时，往往是先开挖围护段一侧的岸坡，或者坝头开挖与一期基坑开挖基本上同时进行，而另一岸坝头的开挖在最后一期基坑开挖前基本结束。

对中、小型工程，由于河道流量小、施工场地紧凑，常采用一次断流围堰（全段围堰）施工：一般先开挖两岸坝头，后进行河床部分基坑开挖。对于顺岩层走向的边坡、滑坡体和高陡边坡的开挖，更应按照开挖程序进行开挖。开挖前，首先要把主要地质情况弄清，对可疑部位及早开挖暴露并采取处理措施。对一些小型工程，为了赶工期也有采用岸坡、河床同时开挖的方法。这时由于上下分层作业，施工干扰大，应特别注意施工安全。

河槽部分采用分层开挖逐步下降的方法。为了增加开挖工作面、扩大钻孔爆破的效果、提高挖运机械的工作效率、解决开挖施工中的基坑排水问题，通常要选择合适的部位先抽槽，即开挖先锋槽。先锋槽的平面尺寸以便于人工或机械装运出渣深度不大于 2/3（预留基础保护层），随后就利用此槽壁作为爆破自由面，在其两侧布设有多排炮孔进行爆破扩大，依次逐层进行。当遇到断层破碎带时，应顺断层方向挖槽，以便及早查明情况，制订处理方案。抽槽的位置一般选在地形较低、排水方便及容易引入出渣运输道路的部位，也可结合水工建筑物的底部轮廓布置，但截水槽、齿槽部位的开挖应做专题爆破设计。尤其对基础防渗、抗滑稳定起控制作用的沟槽，更应慎重地确定其爆破参数，以防因爆破原因而对基岩产生破坏。

三、坝基开挖的深度

坝基开挖深度，通常是根据水工要求按照岩石的风化程度（强风化、弱风化、微风化和新鲜岩石）来确定的。坝基一般要求岩基的抗压强度约为最大主应力的 20 倍左右，高坝应坐落在新鲜微风化下限的完善基岩上，中坝应建在微风化的完整基岩上，两岸地形较高部位的坝体及低坝可建在弱风化下限的基岩上。

岩基开挖深度，并非一挖到新鲜岩石就可以达到设计要求，有时为了满足水工建筑物结构形式的要求，还需在新鲜岩石中继续下挖。如高程较低的大坝齿槽、水电站厂房的尾水管部位等，有时为了减少在新鲜岩石上的开挖深度，可提出改变上部结构形式的方法，以减少开挖工程量。

总之，开挖深度并不是一个简单的多挖几米少挖几米的问题，而是涉及大坝的基础是否坚实可靠、工程投资是否经济合理、工期和施工强度有无保证的大问题。

四、坝基开挖范围的确定

一般水工建筑物的平面轮廓就是岩基底部开挖的最小轮廓线。实际开挖时，由于施工排水、立模支撑、施工机械运行及道路布置等原因，常需适当扩挖，扩挖的范围视实际需要而定。

实际工程中扩挖的距离，从数米到数十米不等。

坝基开挖的范围必须充分考虑运行和施工的安全。随着开挖高程的下降，对坡（壁）面应及时测量检查，防止欠挖，并避免在形成高边坡后再进行坡面处理的麻烦。开挖的边坡一定要稳定，要防止滑坡和落石伤人。如果开挖的边坡太高，可在适当的高程设置平台和马道，并修建挡渣墙和拦渣栅等相应的防护措施。近年来，随着开挖爆破技术的发展，工程中普遍采用预裂爆破来解决高边坡的稳定问题。在多雨地区，应十分注意开挖区的排水问题，防止由于地表水的侵蚀，引起新的边坡失稳问题。

开挖深度和开挖范围确定之后，应绘出开挖纵、横断面及地形图，作为基础开挖施工现场布置的依据。

五、开挖的形态

重力坝坝段，为了维持坝体稳定，避免应力集中，要求开挖以后基岩面比较平整，高差不宜太大，并尽可能略向上游倾斜。

若岩基岩面高差过大或向下游倾斜，宜开挖成一定宽度的平台。平台面应避免向下游倾斜，平台面的宽度及相邻平台之间的高差应与混凝土浇筑块的比例协调。通常在一个坝段中，平台面的宽度约为坝段宽度的1/3。在平台较陡的岸坡坝段，还应根据坝体侧向稳定的要求，在坝轴线方向也开挖成一定宽度的平台。

拱坝要径向开挖，因此岸坡地段的开挖面将会倾向下游。在这种情况下，沿径向也应设置开挖平台。拱座面的开挖，应与拱的推力方向垂直，以保证按设计要求使拱的推力传向两岸岩体。

支墩坝坝基同样要求开挖比较平整，并略向上游倾斜。支墩之间高差变大时，应该使各支墩能够坐落在各自的平台上，并在支墩之间用回填混凝土或支墩墙等结构措施加固，以维护支墩的侧向稳定。

遇有深槽或凹槽及断层破碎带情况时，应做专门的研究，一般要求挖去表面风化破碎的岩层以后，用混凝土将深槽或凹槽及断层破碎带填平，使回填的混凝土形成混凝土塞和周围的基岩一起作为坝体的基础。为了保证混凝土塞和周围基岩的结合，还可以辅以锚筋和按触灌浆等加固措施。

六、坝基开挖的深层布置

（一）坝基开挖深度

坝基开挖深度一般是根据工程设计提出的要求来确定的。在工程设计中，不同的坝高对基岩的风化程度的要求也不同：高坝应坐落在新鲜微风化下限的完整基岩上；中坝应建在微风化的完整基岩上；两岸地形较高部位的坝体及低坝可建在弱风化下限的基岩上。

（二）坝基开挖范围

在坝基开挖时，因排水、立模、施工机械运行及施工道路布置等原因的影响，使得开挖范围比水工建筑物的平面轮廓尺寸略大一些，岩基底部扩挖的范围应根据时间需要而定。实际工程中放宽的距离，一般数米到数十米不等。基础开挖的上部轮廓应根据边坡的稳定要求和开挖的高度而定。如果开挖的边坡太高，可在适当高程设置平台和马道，并修建挡渣墙等防护措施。

七、岩基开挖的施工

岩基开挖主要是用钻孔爆破，分层向下，留有一定保护层的方式进行开挖。

坝基爆破开挖的基本要求是保证质量，注意安全，方便施工。

保证质量，就是要求在爆破开挖过程中防止由于爆破震动影响而破坏基岩；防止产生爆破裂缝或使原有的构造裂隙有所发展；防止由于爆破震动影响而损害已经建成的建筑物或已经完工的灌浆地段。为此，对坝基的爆破开挖提出了一些特殊的要求。

为保证基岩岩体不受开挖区爆破的破坏，应按留足保护层（指在一定的爆破方式下，建筑物基岩面上预留的相应安全厚度）的方式进行开挖。当开挖深度较大时，可采用分层开挖。分层厚度可根据爆破方式、挖掘机械的性能等因素确定。

遇有不利的地质条件时，为防止过大震裂或滑坡等，爆破孔深和最大装药量应根据具体条件由施工、地质和设计单位共同研究，另行确定。

开挖施工前，应根据爆破对周围岩体的破坏范围及水工建筑物对基础的要求，确定垂直向和水平向保护层的厚度。

保护层以上的开挖，一般采用延长药包梯段爆破，或先进行平地抽槽毫秒起爆，创造条件再进行梯段爆破。梯段爆破应采用毫秒分段起爆，最大一段起爆药量应不大于500kg。

根据建筑物对基岩的不同要求以及混凝土不同的龄期所允许的质点振速度值（即破坏标准），规定相应的安全距离和允许装药量。

在邻近建筑物的地段（10 m以内）进行爆破时，必须根据被保护对象的允许质点振动速度值，按该工程实例的振动衰减规律严格控制浅孔火花起爆的最小装药量。当装药量控制到最低程度仍不能满足要求时，应采取打防震孔或其他防震措施来解决。

在灌浆完毕地段及其附近，如因特殊情况需要爆破时，只能进行少量的浅孔火花爆破。还应对灌浆区进行爆前和爆后的对比检查，必要时还须进行一定范围的补灌。

此外，为了控制爆破的地震效应，可采用限制炸药量或静态爆破的办法。也可采用预裂防震爆破、松动爆破、光面爆破等行之有效的减震措施。

在坝基范围进行爆破和开挖时，要特别注意安全。必须遵守爆破作业的安全规程。在规定坝基爆破开挖方案时，开挖程序要以人身安全为原则，应自上而下，先按坡后河槽的顺序进行，即要按照事先确定的开挖范围，从坝基轮廓线的岸坡部分开始，自上而下，分层开挖，直到河槽，不得采用自下而上或造成岩体倒悬的开挖方式。但经过论证，局部宽敞的地方允许采用"自下而上"的方式，拱坝坝肩也允许采用"造成岩体倒悬"的方式。如果基坑范围比较集中，常有几个工种平行作业，在这种情况下，开挖比较松散的覆盖层和滑坡体，更应自上而下进行。如稍有疏忽，就可能造成生命财产的巨大损失，这是过去一些工程得到的经验教训，应引以为戒。

河槽部分也要分层、逐步下挖，为了增加开挖工作面，扩大钻孔爆破的效果，解决开挖施工时的基坑排水问题，通常要选择合适的部位，使抽槽先进。抽槽形成后，再分层向下扩挖。抽槽的位置，一般选在地形较低、排水方便、容易引入出渣运输道路的部位，常可结合水工建筑物的底部轮廓，如截水槽、齿槽等部位进行布置。但截水槽、齿槽的开挖，应做专题爆破设计。尤其是对基础防渗、抗滑稳定起控制作用的沟槽，更应慎重地确定其爆破参数。

方便施工，就是要保证开挖工作的顺利进行，要及时做好排水工作。岸坡开挖时，要在开挖轮廓外围，挖好排水沟，将地表水引走。河槽开挖时，要配备移动方便的水泵，布量好排水沟和集水井，将基坑积水和渗水抽走。同时，还必须从施工进度、现场布置及各工种之间互相配合等方面来考虑，做到工种之间互相协调，使人工和设备充分发挥效率，施工现场井然有序以及开挖进度按时完成。为此，有必要根据设备条件将开挖地段分成几个作业区，每个作业区又划分为几个工作面，按开挖工序组织平行流水作业，轮流进行钻孔爆破、出渣运输等工作。在确定钻孔爆破方法时，需考虑到炸落石块粒径的大小能够与出渣运输设备的容量相适应，尽量减少和避免二次爆破的工作量。出渣运输路线一端应直接连到各层的开挖工作面的下面，另一端应和通向上、下游堆渣场的运输干线连接起来。出渣运输道路的规划应该在施工总体布置中，尽可能结合场内交通半永久性施工道路干线的要求，以节省临时工程的投资。

基坑开挖的废渣最好能加以利用，直接运至使用地点或暂时堆放。因此，需要合理组织弃渣的堆放，充分利用开挖的土石方。这不仅可以减少弃渣占地，而且还可以节约资金，降低工程造价。

不少工程利用基坑开挖的弃渣来修筑土石副坝和围堰，或将合格的砂石料加工成混凝土骨料，做到料尽其用。另外，在施工安排有条件时，弃渣还应结合农业，改地造田充分利用。为此，必须对整个工程的土石方进行全面规划，综合平衡，做到开挖和利用相结合。通过规划平衡，计算出开挖量中的使用量及弃渣量，还应有堆存和加工场地。弃渣的堆放场地，或利用于填筑工程的位置，应有沟通这些位置的运输道路，使其构成施工平面图的一个组成部分。

弃渣场地必须认真规划，并结合当地条件做出合理布局。弃渣不得恶化河道的水流条件，或造成下游河床淤积；不得影响围堰防渗，抬高尾水和堰前水位，阻滞水流；同时，还应注意防止影响度汛安全等情况的发生。特别需要指出的是：弃渣堆放场地还应力求不占压或少占压耕地，以免影响农业生产。临时堆渣区，应规划布置在非开挖区或不干扰后续作业的部位。

近年来，在岩石坝基开挖中，国内一些工程采用了预裂爆破、扇形爆破开挖等新技术，获得了良好的开挖质量和较好的经济效应，目前正在被日益广泛地推广应用。

第四节　岸坡开挖施工技术

平原河流枢纽的岩坡较低较缓，其开挖施工方法与河床开挖没有很大的差别。高岸坡开挖方法大体上可分为分层（梯段）开挖法、深孔爆破开挖法和辐射孔开挖法三类。

一、分层开挖法

这是应用最广泛的一种方法，即从岸坡顶部起分梯段逐层下降开挖。主要优点是施工简单，用一般机械设备便可以进行施工，对爆破岩块大小和岩坡的振动影响均较容易控制。

岸坡开挖时，如果山坡较陡，修建道路很不经济或根本不可能施工时，则可用竖井出渣或将石渣堆于岸坡脚下，即将道路通向开挖工作面是最简单的方法。

（一）道路出渣法

岸坡开挖量大时，采用此法施工，层厚度根据地质、地形和机械设备性能确定，一般不宜大于 15 m。如岸坡较陡，也可每隔 40 m 高差布置一条主干道（即工作平台）。上层爆破石渣抛弃至工作平台或由推土机推至工作平台，进行二次转运。如岸坡陡峭，道路开挖工程量大，也要由施工隧洞通至各工作面。采用预裂爆破或光面爆破形成岸坡壁面。

（二）竖井出渣法

当岸坡陡峭无法修建道路，而航运、过木或其他原因在截流前不允许将岩渣推入河床内时，可采用竖井出渣法。

（三）抛入河床法

这是一种由上而下的分层开挖法，无道路通至开挖面，而是用推土机或其他机械将爆破石渣推入河床内，再由挖掘机装汽车运走。这种方法应用较多，但需在河床允许截流前抛填块石的情况下才能运用。这种方法的主要问题是爆破前后机械设备均需撤出或进入开挖面，很多工程都是将浇筑混凝土的缆式起重机先装好，钻机和推土机均由缆机吊运。

一些坝因河谷较窄或岸坡较陡，石渣推入河床后，不能利用沿岸的道路出渣，只好开挖隧洞至堆渣处进行出渣。

（四）由下而上分层开挖

当岩石构造裂隙发育或地质条件等因素导致边坡难以稳定，不便采用由上而下的开挖法时，可考虑由下而上分层开挖。这种方法的优点主要是安全，混凝土浇筑时，应在上面留一定的空间，以便在上层爆破时供石渣堆积。

二、深孔爆破开挖法

高岸坡用几十米的深孔一次或多次爆破开挖，其优点是减少爆破出渣交替所耗的时间，提高挖掘机械的时间利用率。钻孔可在前期进行，对加快工程建设有利。但深孔爆破技术复杂，难保证钻孔的精确度，装药、爆破都需要较好的设备和手法。

三、辐射孔爆破开挖法

辐射孔爆破开挖法也是加快施工进度的一种施工方法，在矿山开采时使用较多。为了缩短工期，加快坝基开挖进度，一般采用辐射孔爆破开挖法。

高岸坡开挖时，为保证下部河床工作人员与机械的安全，必须对岸坡采取防护措施。一般采用喷混凝土、锚杆和防护网等措施。喷混凝土不但可以防止块石掉落，对软弱易风化岩石还可起到防止风化和雨水湿化剥落的作用。锚杆用于岩石破碎或有构造裂隙可能引起大块岩体滑落的情况，以保证安全。防护网也是常用的防护措施。防护网可贴岸坡安设，也可与岸坡垂直安设。外国常用的有尼龙网、有孔的金属薄板或钢筋网，多悬吊于锚杆上。当与岸坡垂直安设时，应在相距一定高度处安设，以免高处落石击破防护网。

第四章 施工排水工程建设

第一节 施工导流

一、施工导流的基本方法

施工导流方式大体上可以分为两类：一类是分段围堰法导流，也称为河床外导流，即用围堰一次性拦断全部河床，将原河道水流引向河床外的明渠或隧洞等泄水建筑物导向下游；另一类是分段围堰法，也称为河床内导流，即采用分期导流，将河床分段用围堰挡水，使原河道水流分期通过被束窄的河道或坝体底孔、缺口、隧洞、涵洞、厂房等导向下游。

（一）全段围堰法

采用全段围堰法导流方式，就是在河床主体工程的上下游各建一道拦河围堰，使河水经河床以外的临时泄水道或永久泄水建筑物下泄。主体工程建成或接近建成时，再将临时泄水道封堵。我国黄河等干流上已建成或在建的许多水利工程采用全段围堰法的导流方式，如龙羊峡、大峡谷、小浪底以及拉西瓦等水利枢纽，在施工过程中均采用河床外隧洞或明渠导流。

采用全段围堰法导流，主体工程施工过程中受水流干扰小，工作面大，有利于高速施工，上下游围堰还可以兼作两岸的交通纽带。不过，这种方法通常需要专门修建临时泄水建筑物（最好与永久建筑物相结合，综合利用），从而增加导流的工程费用，推迟主体工程开工日期，可能造成施工时间过于紧张。

（二）分段围堰法

采用分段围堰法导流方式，就是用围堰将水利工程施工基坑分段分期围护起来，使原河水通过被束窄的河床或主体工程中预留的底孔、缺口导向下游的施工方法。分段围堰法的施工程序是先将河床的一部分围护起来，在这里首先将河床的右半段围护起来，进行右岸第一期工程的施工，河水由左岸被束窄的河床下泄。在修建第一期工程时，首先在建筑物内预留底孔或缺口；然后将左半段河床围护起来，进行第二期工程的施工，此时，原河水经由预留的底孔或缺口宣泄。对于临时泄水底孔，在主体工程建成或接近建成，水库需要蓄水时，要将其封堵。我国长江等流域上已建成或在建的水利工程多采用分段围堰法的导流方式，如新安江、葛洲坝及长江三峡等水利枢纽，在施工过程中均采用分段分期的方式导流。

分段围堰法一般适用于河床宽、流量大、施工期较长的工程；在通航或冰凌严重的河道上采用这种导流方式更为有利。一般情况下，与全段围堰法相比施工导流费用较低。

采用分段围堰法导流时，要因地制宜合理制定施工的分段和分期，避免由于分段和分期划分不合理给工程施工带来困难，延误工期；纵向围堰位置的确定，也就是河床束窄程度的选择是一个关键问题。在确定纵向围堰位置或选择河床束窄长度时，应重视下列问题：①束窄河床的流速要考虑施工通航、筏运以及围堰和河床防冲等因素，不能超过允许流速；②各段主体工程的工程量、施工强度要比较均衡；③便于布置后期导流用的泄水建筑物，不致于使后期围堰尺寸或截流水力条件不合理，影响工程截流。

二、围堰

围堰是围护水工建筑物施工基坑，避免施工过程中受水流干扰而修建的临时挡水建筑物。在导流任务完成以后，如果未将围堰作为永久建筑物的一部分，当围堰的存在妨碍永久水利枢纽的正常运行时，应予以拆除。

根据施工组织设计的安排，围堰可围占一部分河床或全部拦断河床。按围堰轴线与水流方向的关系，可分为基本垂直水流方向的横向围堰及顺水流方向的纵向围堰；按围堰是否允许过水，可分为过水围堰和不过水围堰。通常围堰的基本类型是按围堰所用材料划分的。

（一）围堰的基本形式及构造

1. 土石围堰

在水利工程中，土石围堰通常是用土和石渣（或砾石）填筑而成的。由于土石围堰能充分利用当地材料，构造简单，施工方便，对地形地质条件要求低，便于加高培厚，因此应用较广。

土石围堰的上下游边坡取决于围堰高度及填土的性质。用砂土、黏土及堆石建造土石围堰，一般将堆石体放在下游，砂土和黏土放在上游一起防渗作用。堆石与土料接触带设置反滤层，反滤层最小厚度不小于 0.3 m。用沙砾土及堆石建造土石围堰，则需设置防渗体。若围堰较高、工程量较大，往往要考虑将堰体作为土石坝体的组成部分。此时，对围堰质量的要求与坝体填筑质量要求完全相同。

土石坝常用土质斜墙或心墙防渗。也有用混凝土或沥青混凝土心墙防渗，并在混凝土防渗墙上部接土工膜材料防渗。当河床覆盖层较浅时，可在挖除覆盖层后直接在基岩上浇筑混凝土心墙，但目前更多的工程则是采用直接在堰体上造孔挖槽穿过覆盖层浇筑各种类型的混凝土防渗墙。早期的堰基覆盖层多用黏土铺盖加水泥灌浆防渗。近年来，高压喷射灌浆防渗逐渐兴起，效果较好。

土围堰由各种土料填筑或水力冲填而成。按围堰结构分为均质和非均质土围堰，后者设斜墙或心墙防渗，土围堰一般不允许堰顶溢流。堰顶宽度根据堰高、构造、防汛、交通运输等要求确定，一般不小于 3 m。围堰的边坡取决于堰高、土料性质、地基条件及堰型等因素。根据不透水层埋藏深度及覆盖层具体条件，选用带铺盖的截水墙防渗或混凝土防渗墙防渗。为保证堰体稳定，土围堰的排水设施要可靠，围堰迎水面水流流速较大时，需设置块石或卵石护坡，土围堰的抗冲能力较差，通常只作横向围堰。

堆石围堰由石料填筑而成，需设置防渗斜墙或心墙，采取护面措施后堰顶可溢流。上、下游坡度根据堰高、填石要求及是否溢流等条件决定。溢流的堰体则视溢流单宽流量、上下游水位差、上下游水流衔接条件及堰体结构与护坡类型而定，堰体与岸坡连接要可靠，防止接触面渗漏。在土基上建造堆石围堰时，需沿着堰基面预设反滤层。堰体与土石坝结合，堆石质量要满足土石坝的质量要求。

2. 草土围堰

草土围堰是为避免河道水流干扰，用麦草、稻草和土作为主要材料建成的围护施工基坑的临时挡水建筑物。

两千多年以前，我国就有将草、土材料用于宁夏引黄灌溉工程及黄河堵口工程的记载，在青铜峡、八盘峡、刘家峡及盐锅峡等黄河上的大型水利工程中，也都先后采用过草土围堰这种筑堰形式。

草土围堰可在水流中修建，其施工方法有散草法、捆草法和端捆法，普遍采用的是捆草法。用捆草法修筑草土围堰时，先将两头直径为 0.3 ~ 0.7 m、长为 1.5 ~ 2.0 m、重约 5 ~ 7 kg 的草束用草绳扎成一捆，并使草绳留出足够的长度；然后沿河岸在拟修围堰的整个宽度范围内分层铺草捆，铺一层草捆，填一层土料（黄土、粉土、沙壤土或黏土），铺好后的土料只需人工踏实即可，每层草捆应按水深大小叠接 1/3 ~ 2/3，这样层层压放的草捆形成一个斜坡，坡角约为 35° ~ 45°，直到高出水面 1 m 以上为止；随后在草捆层的斜坡上铺一层厚 0.20 ~ 0.30 m 的散草，再在散草上铺上一层约 0.30 m 厚的土层，这样就完成了堰体的压草、铺草和铺土工作的一个循环；连续进行以上施工过程，堰体即可不断前进，后部的堰体则渐渐沉入河底。当围堰出水后，在不影响施工进度的前提下，争取铺土打夯，把围堰逐步加高到设计高程。

3. 混凝土围堰

混凝土围堰的抗冲与抗渗能力大，挡水水头高，底宽小，易于与永久混凝土建筑物相连接，必要时还可过水，既可作横向围堰，又可作纵向围堰，因此应用比较广泛。在国外，采用拱型混凝土围堰的工程较多。

混凝土围堰对地基要求较高，多建于岩基上。修建混凝土围堰，往往要先建临时土石围堰，并进行抽水、开挖、清基后才能修筑。混凝土围堰的型式主要有重力式和拱型两种。

当采用允许基坑淹没的导流方案时，围堰堰顶必须允许过水。如前所述，土石围堰是散粒体结构，是不允许过水的。因为土石围堰过水时，一般受到两种破坏作用：一是水流往下游坡面下泄，动能不断增加，冲刷堰体表面；二是由于过水时水流渗入堆石体所产生的渗透压力引起下游坡面同堰顶一起向深层滑动，最后导致溃堰的严重后果。因此，土石过水围堰的下游坡面及堰脚应采用可靠的加固保护措施。目前采用的有：大块石护面、钢丝笼护面、加钢筋护面及混凝土板护面等，较普遍的是混凝土板护面。

（二）围堰型式的选择

围堰的基本要求：

1. 具有足够的稳定性、防渗性、抗冲击性及一定的强度；

2. 造价低，工程量较少，构造简单，修建、维护及拆除方便；

3. 围堰之间的接头、围堰与岸坡的连接要安全可靠；

4. 混凝土纵向围堰的稳定与强度，需充分考虑不同导流时期，双向先后承受水压的特点。

选择围堰型式时，必须根据当地的具体条件，施工队伍的技术水平、施工经验和特长，在满足围堰基本要求的前提下，通过技术经济分析对比，加以选择。

（三）导流标准

导流建筑物级别及其设计洪水的标准称为导流标准。导流标准是确定导流设计流量的依据，而导流设计流量是选择导流方案、确定导流建筑物规模的主要设计依据。导流标准与工程所在地的水文气象特征、地质地形条件、永久建筑物类型、施工工期等直接相关，需要结合工程实际，全面综合分析其技术上的可行性和经济上的合理性，准确选择导流建筑物级别及设计洪水标准，使导流设计流量尽量符合实际施工流量，以达到减少风险，节约投资的效果。

1. 导流时段的划分

在施工过程中，随着工程进展，施工导流所用的临时或永久挡水、泄水建筑物（或结构物）也在相应发生变化。导流时段就是按照导流程序划分的各施工阶段的延续时间。

水利工程在整个施工期间都存在导流问题。根据工程施工进度及各个时期的泄水条件，施工导流可以分为初期导流、中期导流和后期导流三个阶段。初期导流即围堰挡水阶段的导流。在围堰保护下，在基坑内进行抽水、开挖及主体工程施工等工作。中期导流即坝体挡水阶段的导流。此时导流泄水建筑物尚未封堵，但坝体已达拦洪高程，具备挡水条件，故改由坝体挡水。随着坝体的升高、库容加大，防洪能力也逐渐增大。后期挡水即从导流泄水建筑物封堵到大坝全面修建到设计高程时段的导流。这一阶段，永久建筑物已投入运行。

通常河流全年流量的变化具有一定的规律性。按其水文特征可分为枯水期、中水期和洪水期。在不影响主体工程施工的条件下，若导流建筑物只负担枯水期的挡水及泄水任务，显然可以大大减少导流建筑物的工程量，改善导流建筑物的工作条件，具有明显的技术经济效益。因此，合理划分导流时段，明确不同时段导流建筑物的工作状态，是既安全又经济的完成导流任务的基本要求。

2. 导流设计标准

导流设计标准是对导流设计中所采用的设计流量频率的规定。导流设计标准一般随永久建筑物级别以及导流阶段的不同而有所不同，应根据水文特性、流量过程特性、围堰类型、永久建筑物级别、不同施工阶段库容、失事后果及影响等确定导流设计标准。总的要求是：初期导流阶段的标准可以低一些，中期和后期导流阶段的标准应逐步提高；当要求工程提前发挥效益时，相应的导流阶段的设计标准应适当提高；对于特别重要的工程或下游有重要工矿企业、交通枢纽以及城镇时，导流设计标准亦应适当提高。

（四）围堰的平面布置与堰顶高程

1. 围堰的平面位置

围堰的平面布置是一项很重要的设计任务。如果布置不当，围护基坑的面积过大，会增加排水设备容量；面积过小，会妨碍主体工程施工影响工期，严重的话会造成水流不畅，围堰及其基础被水冲刷，直接影响主体工程的施工安全。

根据施工导流方案、主体工程轮廓、施工对围堰的要求以及水流宣泄通畅等条件进行围堰的平面布置。全部拦断河床采用河床外导流方式，只布置上、下游横向围堰；分期导流除布置横向围堰外，还要布置纵向围堰。横向围堰一般布置在主体工程轮廓线以外，并要考虑给排水设施、交通运输、堆放材料及施工机械等留有充足的空间；纵向围堰与上、下游横向围堰共同围住基坑，以保证基坑内的工程施工。混凝土纵向围堰的一部分或全部常作为永久性建筑物的组成部分。围堰轴线的布置要力求平顺，以防止水流产生漩涡淘刷围堰基础。迎水一侧，特别是在横向围堰接头部位的跐脚，需加强抗冲保护。对于松软地基要进行渗透坡降验算，以防发生管涌破坏。纵向围堰在上、下游的延伸视冲刷条件而定，下游布置一般结合泄水条件综合予以考虑。

2. 堰顶高程

堰顶高程的确定取决于导流设计流量以及围堰的工作条件。不过水围堰的堰顶高程可按下式计算：

$$H_1 = h_1 + h_{b1} + \delta$$
$$H_2 = h_2 + h_{b2} + \delta$$

式中 H_1、H_2——上、下游围堰堰顶高程，m；

h_1、h_2——上、下游围堰处的设计洪水静水位，m；

h_{b1}、h_{b2}——上、下游围堰处的波浪爬高，m；

δ——安全超高，m

上游设计洪水静水位取决于设计导流洪水流量及泄水能力。当利用永久性泄水建筑物导流时，若其断面尺寸及进口高程已给定，则可通过水力计算求出上游设计洪水静水位；当用临时泄水建筑物导流时，可求出不同上游设计洪水静水位时围堰与泄水建筑物的总造价，从中选出最经济的上游设计洪水静水位。

上游设计洪水静水位的具体计算方法如下。

当采用渡槽、明渠、明流式隧洞或分段围堰法的束窄河床导流时，设计洪水静水位按下式计算：

$h_1 = H + h + Z$

式中　H——泄水建筑物进口底槛高程，m；

h——进口处水深，m；

Z——进口水位落差，m。

计算进口处水深，首先应判断其流态。对于缓流，应做水面曲线进行推算，但近似计算时，可采用正常水深；对于急流，可以近似采用临界水深计算。

进口水位落差 Z 可用下式计算：

$$Z = \frac{\upsilon^2}{2g\varphi^2} - \frac{\upsilon_0^2}{2g}$$

式中 υ——进口内流速，m/s；

υ_0——上游行进流速，m/s；

φ——考虑侧向收缩的流速系数，随进口形状的不同而变化，一般取 0.8 ～ 0.85；

g——重力加速度，9.81 m/s²。

当采用隧洞、涵管或底孔导流，并为压力流时，设计洪水静水位按下式计算：

$h_1 = H + h$

$$h = h_p - iL + \frac{\upsilon^2}{2g}(1 - \sum \zeta_1 + \zeta_2 L) - \frac{\upsilon_0^2}{2g}$$

式中　H——隧洞等进水口底槛高程，m；

h——隧洞进水前水深，m；

h_p——从隧洞出口底槛算起的下游计算水深，当出口实际水深小于洞高时，按 85% 洞高计算；

$\sum \zeta_1$——局部水头损失系数总和；

ζ_2——沿程水头损失系数；

υ——洞内平均流速，m/s；

i——隧洞纵向坡降；

L——隧洞长度，m。

下游围堰的设计洪水静水位，可以根据该处的水位—流量关系曲线确定。当泄水建筑物出口较远，河床较陡，水位较低时，也可能不需要下游围堰。

纵向围堰的堰顶高程，要与束窄河段宣泄导流设计流量时的水面曲线相适应。因此，纵向围堰的顶面通常做成倾斜状或阶梯状，其上、下端分别与上、下游围堰同高。

过水围堰的高程应通过技术经济比较确定。从经济角度出发，求出围堰造价与基坑淹没损失之和最小的围堰高程；从技术角度出发，对修筑一定高度过水围堰的技术水平做出可行性评价。一般过水围堰堰顶高程按静水位加波浪爬高确定，不再加安全超高。

（五）围堰的防渗、防冲

围堰的防渗和防冲是保证围堰正常工作的关键问题，对土石围堰来说尤为突出。一般土石围堰在流速超过 3.0 m/s 时，会发生冲刷现象。尤其在采用分段围堰法导流时，若围堰布置不当，在束窄河床段的进、出口和沿纵向围堰会出现严重的涡流，冲刷围堰及其基础，导致围堰失事。

土石围堰的防渗一般采用斜墙、斜墙接水平铺盖、垂直防渗墙或灌浆帷幕等措施。围堰一般需在水中修筑，因此如何保证斜墙和水平铺盖的水下施工质量是一个关键课题。大量工程实践表明：尽管斜墙和水平铺盖的水下施工难度较高，但只要施工方法选择得当，是能够保证质量的。

三、施工度汛

保护跨年度施工的水利工程，在施工期间安全度过汛期而不遭受洪水损害的措施称为施工度汛。施工度汛需根据已确定的当年度汛洪水标准，制定度汛规划及技术措施。

（一）施工度汛阶段

水利枢纽在整个施工期间都存在度汛问题，一般分为 3 个施工度汛阶段：

1. 基坑在围堰保护下进行抽水、开挖、地基处理及坝体修筑，汛期完全靠围堰挡水，叫作围堰挡水的初期导流度汛阶段；

2. 随着坝体修筑高度的增加，坝体高于围堰，从坝体可以挡水到临时导流泄水建筑物封堵这一时段，叫作大坝挡水的中期导流度汛阶段；

3. 从临时导流泄水建筑物封堵到水利枢纽基本建成，永久建筑物具备设计泄洪能力。工程开始发挥效益这一时段，叫作施工蓄水期的后期导流度汛阶段。施工度汛阶段的划分与前面提到的施工导流阶段是完全吻合的。

（二）施工度汛标准

不同的施工度汛阶段有不同的施工度汛标准。根据水文特征、流量过程线特征、围堰类型、永久性建筑物级别、不同施工阶段库容、失事后果及影响等制定施工度汛标准。特别重要的城市或下游有重要工矿企业、交通设施及城镇时，施工度汛标准可适当提高。由于导流泄水建筑物泄洪能力远不及原河道的泄流能力，如果汛期洪水大于建筑物泄洪能力时，必有一部分水量经过水库调节，虽然使下泄流量得到削减，但却抬高了坝体上游水位。确定坝体挡水或拦洪高程时，要根据规定的拦洪标准，通过调洪演算，求得相应最大下泄量及水库最高水位再加上安全超高，便得到当年的坝体拦洪高程。

（三）围堰及坝体挡水度汛

由于土石围堰或土石坝一般不允许堰（坝）体过水，因此这类建筑物是施工度汛研究的重点和难点。

1. 围堰挡水度汛

截流后，应严格掌握施工进度，保证围堰在汛前达到拦洪度汛高程。若因围堰土石方量太大，汛前难以达到度汛要求的高程时，则需要采取临时度汛措施，如设计临时挡水度汛断面，以满足安全超高、稳定、防渗及顶部宽度能适应抢险子堰等要求。临时断面的边坡必要时应做适当防护，避免坡面受地表径流冲刷。在堆石围堰中，则可用大块石、钢筋笼、混凝土盖面、喷射混凝土层、顶面和坡面钢筋网以及伸入堰体内水平钢筋系统等加固，保护措施过水。若围堰是以后挡水坝体的一部分，则其度汛标准应参照永久建筑物施工过程中的度汛标准，其施工质量应满足坝体填筑质量的要求。

2. 坝体挡水度汛

在水利水电枢纽施工过程中，中、后期的施工导流，往往需要由坝体挡水或拦洪。例如，在主体工程为混凝土坝的枢纽中，若采用两段两期围堰法导流，在第二期围堰放弃时，未完建的混凝土建筑物，就不仅要担负宣泄导流设计流量的任务，而且还要起一定的挡水作用。又如主体工程为土坝或堆石坝的枢纽时，若采用全段围堰隧洞或明渠导流，则在河床断流以后，常常要求在汛期到来以前，将坝体填筑到拦洪高程，以保证坝身能安全度汛。此时由于主体建筑物已开始投入运用，水库已拦蓄一定水量，此时的导流标与临时建筑物挡水时应有所不同。一般坝体挡水或拦洪时的导流标准，视坝型和拦洪库容的大小而定。

度汛措施一般根据所采用的导流方式、坝体能否溢流及施工强度而定。

当采用全段围堰时，对土石坝采用围堰拦洪，围堰必定很宽且不经济，故应将上游围堰作为坝体的一部分。如果用坝体拦洪而施工强度太大，则可采用度汛临时断面进行施工。如果采用度汛临时断面仍不能在汛前达到拦洪高程，则需降低溢洪道底槛高程，或开挖临时溢洪道，或增设泄洪隧洞等以降低拦洪水位，也可以将坝基处理和坝体填筑分别在两个枯水期内完成。

四、蓄水计划与封堵技术

在施工后期，当坝体已修筑到拦洪高程以上，能够发挥挡水作用时，其他工程项目如混凝土坝已完成了基础灌浆和坝体纵缝灌浆、库区清理、水库坍岸和渗漏处理已经完成，建筑物质量和闸门设施等也均经检验合格。这时，整个工程就进入了所谓的完建期。根据发电、灌溉及航运等国民经济各部门所提出的综合要求，应确定竣工运用日期，有计划地进行导流用临时泄水建筑物的封堵和水库的蓄水工作。

（一）蓄水计划

水库的蓄水与导流用临时泄水建筑物的封堵有密切关系，只有将导流用临时泄水建筑物封堵后，才有可能进行水库蓄水。因此，必须制定一个积极可靠的蓄水计划，既能保证发电、灌溉及航运等国民经济各部门所提出的要求如期发挥工程效益，又能力争在比较有利的条件下封堵导流用的临时泄水建筑物，使封堵工作得以顺利进行。

水库蓄水需解决两个问题，一是制定蓄水历时计划，并据此确定水库开始蓄水的日期，即导流用临时泄水建筑物的封堵日期。水库蓄水一般按保证率为 75% ~ 85% 的月平均流量过程线来制定。可以从发电、灌溉及航运等国民经济各部门所提出的运用期限和水位要求，反推出水库开始蓄水的日期。具体做法：一是根据各月的来水量减去下游要求的供水量，得出各月份留蓄在水库的水量，将这些水量依次累计，对照水库容积与水位关系曲线，就可绘制水库蓄水高程与历时关系曲线；二是校核水库水位上升过程中大坝施工的安全性，并据此拟定大坝浇筑的控制性进度计划和坝体纵缝灌浆进程。大坝施工安全的校核洪水标准，通常选用 20 年一遇的月平均流量。核算时，以导流时用临时泄水建筑物的封堵日期为起点，按选定的洪水标准的月平均流量过程线，用顺推法绘制水库蓄水过程线。

（二）封堵技术

导流用临时泄水建筑物封堵下闸的设计流量，应根据河流的水文特征及封堵条件，选用封堵期 5 ~ 10 年一遇的月或旬平均流量。封堵工程施工阶段的导流标准，可根据工程的重要性、失事后果等因素在该时段 5% ~ 20% 重现期范围内选取。

导流用的泄水建筑物，如隧洞、涵管及底孔等，若不与永久建筑物相结合，在蓄水时都要进行封堵。由于具体工程施工条件和技术特点不同，封堵方法也多种多样。过去多采用金属闸门或钢筋混凝土叠梁：金属闸门耗费钢材，钢筋混凝土叠梁比较笨重，大都需用大型起重运输设备，而且还需要一些预埋件，这对争取迅速完成封堵工作十分不利。近年来有些工程也采用了一些简易可行的封堵方法，如利用定向爆破技术快速修筑拟封堵建筑物进口围堰，再浇筑混凝土封堵；或现场浇筑钢筋混凝土闸门；或现场预制钢筋混凝土闸门，再起吊下放封堵等。

导流用底孔一般为坝体的一部分，因此，封堵时需要全孔堵死。而导流用的隧洞或涵管则并不需要全洞堵死，常浇筑一定长度的混凝土塞，就足以起永久挡水作用。混凝土塞的最小长度可根据极限平衡条件由下式求出：

$$l = \frac{KP}{\omega \gamma g f + \lambda c}$$

式中 K——安全系数，一般取 1.1 ~ 1.3；

P——作用水头的推力，N；

ω——导流隧洞或涵管的截面面积，m^2；

γ——混凝土重度，kg/m^3；

f——混凝土与岩石（或混凝土接触面）的黏接力，一般取 0.60 ~ 0.65；

c——混凝土与岩石（或混凝土接触面）的摩阻系数，一般取（5 ~ 20）10^4 Pa；

λ——导流隧洞或涵管的周长，m；

g——重力加速度，m/s^2。

此外，当导流隧洞的断面面积较大时，混凝土塞的浇筑必须考虑降温措施，否则产生的温度裂缝会影响其止水质量。在堵塞导流底孔时，深水堵漏问题也应予以重视。不少工程在封堵的关键时刻，漏水不止，使封堵施工出现施工紧张状态。

五、导流方案的选择

一个水利水电工程的施工，从开工到完建往往不是采用单一的导流方法，而是几种导流方法组合起来配合使用的，以取得最佳的技术经济效益。整个施工期间各个时段导流方式的组合，通常就称为导流方案。

（一）导流方案选择

导流方案的选择，受各种因素的影响。一个合理的导流方案，必须在周密地研究各种影响因素的基础上，拟定几个可行的方案，进行技术经济比较，从中选择技术经济指标优秀的方案。

选择导流方案时应考虑以下主要因素。

1. 水文条件

河流的流量大小、水位变化的幅度、全年流量的变化情况、枯水期的长短、汛期洪水的延续时间、冬季的流冰及冰冻情况等，均直接影响导流方案的选择。一般来说，对于河床宽、流量大的河流，宜采用分段围堰法导流。对于水位变化幅度大的山区河流，可采用允许基坑淹没的导流方法，在一定时期内通过过水围堰和淹没基坑来排泄洪峰流量。对于枯水期较长的河流，充分利用枯水期安排工程施工是完全必要的。但对于枯水期不长的河流，如果不利用洪水期进行施工，就会拖延工期。对于流冰的河流应充分注意流冰的排泄问题，以免凌汛期流冰壅塞，影响泄流，造成导流建筑物失事。

2. 地形条件

坝区附近的地形条件，对导流方案的选择影响很大。对于河床宽阔的河流，尤其在施工期间有通航、过筏要求的河道，宜采用分段围堰法导流。当河床中有天然石岛或沙洲时，采用分段围堰法导流更有利于导流围堰的布置，尤其利于纵向围堰的布置。例如，黄河三门峡水利枢纽的施工导流，就曾巧妙地利用了黄河激流中的人门岛、神门岛及其他石岛来布置一期围堰，取得了良好的技术经济效果。长江三峡水利枢纽的围堰布置亦是利用了河床右侧的中堡岛。在河段狭窄、两岸陡峻、山岩坚实的地区，宜采用隧洞导流。至于平原河道，河流的两岸或一岸比较平坦，或有河湾、老河道可以利用时，则宜采用明渠导流。

3. 工程地质及水文地质条件

河流两岸及河床的地质条件对导流方案的选择与导流建筑物的布置有直接影响。若河流两岸或一岸岩石坚硬、风化层薄，且有足够的抗压强度时，则有利于选用隧洞导流。如果岩石的风化层厚且破碎，或有较厚的沉积滩地，则适合采用明渠导流。当采用分段围堰法导流时，由于河床的束窄，减小了过水断面的面积，使水流流速增大。这时，为了使河床不遭受过大的冲刷，避免把围堰基础淘空，应根据河床的地质条件来决定河床可能束窄的程度。对于岩石河床，抗冲刷能力较强，河床允许束窄程度较大，甚至可达到88%，流速可以增加到 7.5 m/s。但对覆盖层较厚的河床，抗冲刷能力较差，其束窄程度都不到30%，流速仅允许达到 3.0 m/s。此外选择围堰型式时，基坑是否允许淹没，是否能利用当地材料修筑围堰等，也都与地质条件有关。水文地质条件对基坑排水工作和围堰型式的选择有很大关系。因此，为了更好地进行导流方案的选择，要对地质和水文地质勘测工作提出专门要求。

4. 水工建筑物的型式及布置

水工建筑物的型式和布置与导流方案相互影响，因此在决定建筑物的型式和枢纽布置时，应该同时考虑并拟定导流方案，而在选定导流方案时，又应该充分利用建筑物型式和枢纽布置方面的特点。如果枢纽组成中有隧洞、渠道、涵管、泄水孔等永久性泄水建筑物，在选择导流方案时应该尽可能加以利用。在设计永久性泄水建筑物的断面尺寸并拟定其布置方案时，应该充分考虑施工导流的要求。如果采用分段围堰法修建混凝土坝，应当充分利用水电站与混凝土坝之间或混凝土坝溢流段和非溢流段之间的隔墙作为纵向围堰的一部分，以降低导流建筑物的造价，而且对于第一期工程所修建的混凝土坝，应该核算它是否能够布置二期工程导流构筑物（如底孔、预留缺口等）。黄河三门峡水利枢纽溢流坝段的宽度，主要就是由二期导流条件控制的。与此同时，为了防止河床冲刷过大，还应核算河床的束窄程度，保证有足够的过水断面来宣泄施工流量。就挡水建筑物的型式来说，土坝、土石混合坝和堆石坝的抗冲能力小，除采用特殊措施外，一般不允许从坝体过水，所以多利用坝体以外的泄水建筑物如隧洞、明渠等或坝体范围内的涵管来导流。这种情况下，通常要求在一个枯水期内将坝体抢筑到拦洪高程以上，以免水流没顶，发生事故。至于混凝土坝，特别是混凝土重力坝，由于抗冲能力较强，允许流速可达 25 m/s，所以不但可以通过底孔泄流，而且还可以通过未完建的坝体过水，大大增加了导流方案选择的灵活性。

5. 施工期间河流的综合利用

施工期间，为了满足通航、筏运、渔业、供水、灌溉以及水电站运转等需求，导流方案的选择比较复杂。如前所述，在通航河流上，大都采用分段围堰法导流。要求河流在束窄以后，河宽仍能便于船只的通行，水深、流速等也要满足通航能力的要求，束窄断面的水深应与船只吃水深度相适应，最大流速一般不得超过 2.0 m/s；遇到特殊情况时，还需与当地航运部门协商研究确定。对于浮运木筏或散材的河流，在施工导流期间要避免木材堵塞泄水建筑物的进口或者壅塞已束窄的河床导流段。在施工中后期，水库拦洪蓄水时，要注意满足下游供水、灌溉用水和水电站运行的要求。为了保证渔业需求，还要修建临时过鱼设施，以便鱼群能正常地洄游。

6.施工进度、施工方法及施工场地布置

水利水电工程的施工进度与导流方案密切相关，通常是根据导流方案才能安排控制性施工进度计划。在水利水电枢纽施工导流的过程中，对施工进度起控制作用的关键性时段主要有导流建筑物的完工期限，截断向床水流的时间，坝体拦洪的期限，封堵临时泄水建筑物的时间以及水库蓄水发电的时间等。各项工程的施工方法和施工进度直接影响各时段导流工作的正常进行，影响后续工程的正常施工。例如修建混凝土坝，采用分段围堰法施工时，若导流底孔没有建成就不能截断河床水流并全面修建第二期围堰；若坝体没有达到一定高程且未完成基础修建及坝身纵缝灌浆以前，就不能封堵底孔，水库便无法按计划正常蓄水。因此，施工方法、施工进度与导流方案三者是密切相关的。

此外，施工场地的布置亦影响导流方案的选择。例如，在混凝土坝施工中，当混凝土生产系统布置在河流一岸时，以采用全段围堰法导流为宜；若采用分段围堰法导流，则应以混凝土生产系统所在的一岸作为第一期工程，避免出现跨越两岸的交通运输问题。

除了综合考虑以上各方面因素以外，在选择导流方案时，还应使主体工程尽早发挥效益，以简化导流程序，降低导流费用，使导流建筑物既简单易行，又安全可靠。

（二）控制性施工进度

根据规定的工期和选定的导流方案，施工的过程中会要求各项工程在某时期（如截流前、汛前、下闸或底孔封堵前）必须达到某种程度。依此编制的施工进度表就是控制性施工进度。

绘制控制性施工进度表时，首先应按导流方案在图上标出各导流时段的导流方式和几个起控制作用的日期（如截流、拦洪度汛、下闸或封堵导流泄水建筑物等的日期），然后再确定在这些日期之前各项工程应完成的进度，最后经施工强度论证，制定出各项工程实际最佳进度，并绘制在图表中。

第二节　施工现场排水

一、路基开挖施工排水方案的选择

地下水在水位压力差的作用下会不断地渗流入开挖基坑，在开挖过程中，如果未能及时地处理好基坑降排水的问题，就会直接导致路基被浸，现场施工条件就会变差，地基承载力也会随之下降，继而在动水压力作用下极有可能引起流砂、管涌和边坡失稳等现象出现，最终导致工程事故。

（一）基坑排水的作用

一是及时排走雨水；二是能够有组织有顺序地排走不断渗出的地下水，防止水位上涨，导致边坡坡角的土质软化，严重影响边坡的稳定性。基坑底板防水施工与排水之间是有非常紧密的联系的，是利用明沟、盲沟、集水井等设施对基坑排水系统的建立与完善，施工时候利用重力降水方法，可使饱和水分从垫层下土层中渗透出来，形成明水，并尽快排走，减少水分通过毛细作用的蒸发，改善垫层含水率，尽可能满足防水层干燥的施工条件。排水沟的沟壁必须平整密实，沟内不留松土，沟底部一定要平顺，如果遇有洞穴，则可以采用填平夯实的方法进行施工，使工程施工现场排水畅通，各类排水设施要注意进出口的衔接，以确保排水畅通与工程质量。

（二）基坑排水的选择

根据现场的勘测和现场的条件，选择明式排水沟比较合理。排水明沟设在距离底板外边沿至基坑坡角 1 ~ 1.5m 的位置，明沟应有一定坡度（大于 0.5%），便于积水的流通。明沟末端设置在地势低处或者河沟。

1. 雨季施工的排水设置的管理及明式排水沟截面的选择

本合同段气候温和，雨季充沛，多雷阵雨。雨季施工安排主要指三月至八月。截水沟、边沟等排水设施应尽早安排施工，尽早完善临时路基排水系统，保持现场排水的通畅，保证作业现场不积水、不漫流，并备齐必要的防水器材。在雨季来临前期，备足施工时所需的材料，避免因雨水的原因导致进料困难引起停工。做好与当地气象部门的联系，注意防水，防洪。

当出现强降雨时，施工现场的积水通过明式排水沟排出，如果明式排水沟截面过小就会引起施工现场排水不净，导致地基浸泡，发生软地基效应，因此，排水沟截面的设置要以最大的强降雨量的排水能力来计算。

2. 截水沟的设置

如果汇水面积较大，在路基挖方上侧山坡时，可在挖方坡角口以上 5m 处设置截水沟。截水沟水流不引入边沟，截水沟长度设置在 500m 以下，截水沟长度超过 500m 时，选择在两山间或者地势比较低处等合适的地点设出水口，将水引至山坡侧的自然沟中。

二、挖孔桩开挖排水

在施工开挖过程中，如果遇到一般性的路基渗水，可边开挖边用抽水泵抽水，同时进行。当遇到潜水层时，可采用将潜水层用水泥砂浆压灌卵石环圈进行封闭处理。其最有效的施工顺序为：

1. 先用泵将孔内水排尽，把潜水孔壁周围开挖出来，再在孔壁设计半径外开挖环形槽；

2. 在孔底干铺 20cm 厚的卵石层，其上安装铺设高度大于潜水层厚 5mm 的钢板圈，其内径等于桩径，在钢板圈内卵石层上设置两根直径 25mm 的压浆管，其中一根压浆管备用（当另一根压浆管用于堵塞时），焊接一钢板在压浆管埋入混凝土顶盖处，以利定位和防止压入水泥浆沿管壁上流；

3. 在钢板的隔离圈和孔壁之间充填一些卵石，此处结构的孔隙率要达到 40% 左右；

4. 在施工时，为了便于继续土石方开挖，也为了省料、省工、省时，可将装泥麻包填充在隔离圈内，要求填充密实，减少孔隙；

5. 灌注水下混凝土顶盖，混凝土等级 C10，厚度 50cm；

6. 压浆，为了节省水泥，可先压其中的泥浆，用泥浆填充钢板圈内的孔隙，然后次压纯水泥浆，这样使其流动性好，可以填充较小的孔隙，最后压水泥砂浆，其配合质量比为 1：1，砂浆中可适当地掺入早强剂，以稠度控制各种压浆。用砂浆流动测定器来测定砂浆的稠度，以 s 计算，泥浆的稠度一般要求 2 ~ 6s，水泥浆和水泥砂浆的稠度一般要求在 2 ~ 10s，压浆机具采用灌浆机，压力 0.3 ~ 0.4Mpa；

7. 封闭完成 48 小时后将水抽尽，水位不再上升，用风镐将混凝土顶盖凿掉孔径范围内部分，并掉出装泥麻包，拆除钢板圈，继续进行开挖。

三、临时排水和永久性排水的关系

临时排水和永久性排水工程相结合，使施工现场工地有一个完善的排水系统。首先在施工现场的路堤两侧开挖临时的排水沟，以保证水能顺利地排出，临时排水管设置在自然地形低洼处，用原地面纵、横两个方向来形成排水网络。同时先期施工涵洞、排水沟、截水沟砌石工程和部分挡墙、边沟，以利于路基土石方施工。路基开挖和路堤填筑，纵横向都要形成一定的排水坡度，当天铺筑的层面必须全部压实，使其填筑面和开挖面都不致遭遇雨积水发生水浸路堤的情况。

第三节　基坑排水

围堰建好后，为创造干地施工条件，需要将基坑内的积水及施工过程中的渗水、降水排到基坑以外。按排水时间和性质，可分为初期排水和经常性排水；按排水方法可分为明式排水（排水沟排水）和人工降低地下水位（暗式排水）。

一、初期排水

基坑开挖前的初期排水，包括排除围堰完成后的基坑积水和基坑积水排除过程中围堰及基坑的渗水、降水的排除。

初期排水通常采用离心式水泵抽水。抽水时，基坑水位的允许下降速度要视围堰型式、地基特性及基坑内的水深而定。水位下降太快，则围堰或基坑边坡中动水压力变化过大，容易引起塌坡；水位下降太慢，则影响基坑开挖时间。因此，一般水位下降速度限制在 0.5 ~ 1.0 m/ 昼夜以内，土围堰应小于 0.5 m/ 昼夜；木笼及板桩围堰应小于 1.0 m/ 昼夜。

根据初期排水流量可确定所需排水设备的容量，并应妥善布置水泵站，以免由于水泵站布置不当降低排水效果，影响其他工作，甚至被迫中途转移，造成人力、物力与时间上的浪费。一般初期排水可采用固定或浮动的水泵站。当水泵的吸水高度足够时，水泵站可布置在围堰上。水泵的出水管口最好放置于水面以下，利用虹吸作用减轻水泵的工作。

二、经常性排水

基坑开挖及建筑物施工过程中的经常性排水，包括围堰和基坑渗水、降水、地基岩石冲洗与混凝土养护用废水等的排除。

（一）明式排水

1. 基坑开挖过程中的排水系统布置

基坑开挖过程中布置排水系统，应以不妨碍开挖和运输工作为原则，一般将排水干沟布置在基坑中部，以利两侧出土。随着基坑开挖工作的进展，应逐渐加深排水沟，通常保持干沟深度为 1.0 ~ 1.5 m，支沟深度为 0.3 ~ 0.5 m。集水井底部应低于干沟的沟底。

2. 基坑开挖完成后修建建筑物时的排水系统布置

修建建筑物时的排水系统，通常布置在基坑四周。排水沟、集水井应布置在建筑物轮廓线外侧，且距离基坑边坡坡脚 0.3 ~ 0.5 m 处。排水沟的断面尺寸和底坡大小，取决于排水量的大小。集水井应布置在建筑物轮廓线以外较低的地方，与建筑物外缘的距离必须大于井的深度。井的容积至少要能保证水泵停工 10 ~ 15 min，而由排水沟流入井中的水量不致浸溢。

（二）人工降低地下水位

经常性排水过程中，常需多次变换排水沟、水泵站的高程和位置，以免影响开挖。同时，开挖细砂土、沙壤土一类的地基时，随着基坑底面下降，地下水渗透压力增大，又易发生边坡塌滑，产生流沙和管涌，给施工带来较大困难。为避免上述缺点，可采用人工降低地下水位的方法。根据排水工作原理，人工降低地下水位的方法有管井法和井点法两种。

1. 管井法排水

管井法排水，是在基坑周围布置一些单独工作的管井，地下水在重力作用下流入井中，用抽水设备将水抽走。管井按材料分为木管井、钢管井、预制无砂混凝土管井，工程中常用后两种。管井埋设主要采用水力冲填法和钻井法。埋设时要先下套管后下井管。井管下设妥当后，再一边下反滤填料，一边起拔套管。

在要求降低地下水位较大的深井中抽水时，最好采用专用的离心式深井水泵。深井水泵一般适用深度大于 20 m 的深井，排水效果好。

采用管井法降低地下水位，可大大减少基坑开挖的工程量，提高挖土工效，降低造价，缩短工期。

2.轻型井点排水

轻型井点是一个由井管、集水总管、普通离心式水泵、真空泵和集水箱等组成的排水系统。

轻型井点系统的井管直径为 38 ~ 50 mm，地下水从井管下端的滤水管凭借真空泵和水泵的抽吸作用流入管内，汇入集水总管，流入集水箱，由水泵排出。

井点系统排水时，地下水位的下降深度取决于集水箱内的真空度与管路的漏气和水力损失，一般下降深度为 3 ~ 5 m。

井管安设时，一般用射水法下沉井管。在距孔口 1.0 m 范围内，需填塞黏土密封。井管与总管的连接也应注意密封，以防漏气。排水工作完成后，可利用杠杆将井管拔出。

第四节　施工排水安全防护

一、施工导流

（一）围堰

1.在施工作业前，对施工人员与作业人员进行安全技术交底，每班召开班前五分钟和危险预知活动，让作业人员了解施工作业程序和施工过程存在的危险因素。作业人员在施工过程中，设置专人进行监护，督促人员按要求正确佩戴劳动防护用品，杜绝不规范工作行为的发生。

2.施工作业前，要求对作业人员进行检查，当天身体状态不佳的人员以及个人穿戴不规范（未按正确方式佩戴必需的劳保用品）的人员，不得进行作业；对高处作业人员定期进行健康检查，对患有不适宜高处作业疾病的作业人员不准进行高处作业。

3.杜绝非专业电工私拉乱扯电线，施工前要认真检查用电线路，发现问题时要有专业电工及时处理。

4.施工设备、车辆由专人驾驶，且从事机械驾驶的操作工人必须进行严格培训，经考核合格后方可持证上岗。

5.施工人员必须熟知本工种的安全操作规程，进入施工现场，必须正确使用个人防护用品，严格遵守"三必须""五不准"，严格执行安全防范措施，不违章操作，不违章指挥，不违反劳动纪律。

6.机械在危险地段作业时，必须设明显的安全警告标志，并应设专人站在操作人员能看清的地方进行指挥。驾机人员只能接受指挥人员发出的规定信号。

7.配合机械作业的清底、平地、修坡等辅助工作应与机械作业交替进行。机上、机下人员必须密切配合，协同作业。当必须在机械作业范围内同时进行辅助工作时，应停止机械运转后，辅助人员方可进入。

8.施工中遇有土体不稳、发生坍塌、水位暴涨、山洪暴发或在爆破警戒区内听到爆破信号时，应立即停工，人机撤至安全地点。当工作场地发生交通堵塞，地面出现陷车（机），机械运行道路发生打滑、防护设施毁坏失效，或工作面不足以保证安全作业时，应停止施工，待恢复正常后方可继续施工。

（二）截流

1.截流过程中的抛填材料开采、加工、堆放和运输等土建作业安全应符合现行的规定。

2.在截流施工现场，应划出重点安全区域，并设专人警戒。

3.截流期间，应对工作区域内进行交通管制。

4.施工车辆与戗堤边缘的安全距离应大于 2.0 m。

5.施工车辆应进行编号。现场施工作业人员应佩戴安全标识，并穿戴救生衣。

（三）度汛

1.项目法人应根据工程情况和工程度汛的需要，制定工程度汛方案和超标准洪水应急预案，报给管辖权的防汛指挥机构批准或备案。

2.度汛方案应包括防汛度汛指挥机构设置，度汛工程形象，汛期施工情况，防汛度汛工作重点，人员、设备、物资准备和安全度汛措施，以及雨情、水情、汛情的获取方式和通信保障方式等内容。防汛度汛指挥机构应由项目法人、监理单位、施工单位、设计单位的主要负责人组成。

3.超标准洪水应急预案应包括超标准洪水可能导致的险情预测、应急抢险指挥机构设置、应急抢险措施、应急队伍准备及应急演练等内容。

4.项目法人应和有关参建单位签订安全度汛目标责任书，明确各参建单位防汛度汛的责任。

5.施工单位应根据批准的度汛方案和超标准洪水应急预案，制定防汛度汛及抢险措施，报项目法人批准，并按批准的措施落实防汛抢险队伍和防汛器材、设备等物资准备工作，做好汛期值班，保证汛情、工情、险情信息渠道畅通。

6.项目法人在汛前应组织有关参建单位，对生活、办公、施工区域内进行全面检查，对围堰、子堤、人员聚集区等重点防洪度汛部位和有可能诱发山体滑坡、垮塌和泥石流等灾害的区域、施工作业点进行安全评估，制定和落实防范措施。

7.项目法人应建立汛期值班和检查制度，建立接收和发布气象信息的工作机制，保证汛情、工情、险情信息渠道畅通。

8.项目法人每年应至少组织一次防汛应急演练。

9.施工单位应落实汛期值班制度，开展防洪度汛专项安全，检查及时整改发现的问题。

（四）蓄水

1. 基础稳固。

2. 墙体牢固，不漏水。

3. 有良好的排污清理设施。

4. 在寒冷地区应有防冻措施。

5. 水池上有人行通道并设安全防护装置。

6. 生活专用水池须加设防污染顶盖。

二、施工现场排水

1. 施工区域排水系统应进行规划设计，并应按照工程规模、排水时段，以及工程所在地的气象、地形、地质、降水量等情况，确定相应的设计标准，作为施工排水规划设计的基本依据。

2. 应考虑施工场地的排水量、外界的渗水量和降水量，配备相应的排水设施和备用设备。施工排水系统的设施安装完成后，应按相关规定逐一进行检查验收，合格后方可投入使用。

3. 排水系统设备供电应有独立的动力电源（尤其是洞内排水），必要时应有备用电源。

4 排水系统的电气、机械设备应定期进行检查维护。排水沟、集水井等设施应经常进行清淤与维护，排水系统应保持畅通。

5. 在现场周围地段应修设临时或永久性的排水沟、防洪沟或挡水堤，山坡地段应在坡顶或坡脚设环形防洪沟或截水沟，以拦截附近坡面的雨水、潜水，防止其排入施工区域内。

6. 现场内外原有自然排水系统尽可能保留或适当加以整修、疏导、改造或根据需要增设少量排水沟，以利排泄现场积水、雨水和地表滞水。

7. 在有条件时，利用正式工程排水系统为施工服务，先修建正式工程主干排水设施和管网，以方便排除地面滞水和地表滞水。

8. 现场道路应在两侧设排水沟，支道应两侧设小排水沟，沟底坡度一般为 2% ~ 8%，保持场地排水和道路畅通。

9. 土方开挖应在地表流水的上游一侧设排水沟、散水沟和截水挡土堤，将地表滞水截住；在低洼地段挖基坑时，可利用挖出之土沿四周或迎水一侧、二侧筑 0.5 ~ 0.8 m 高的土堤截水。

10. 大面积地表水，可采取在施工范围区段内挖深排水沟，工程范围内再设纵横排水支沟，将水流疏干，再在低洼地段设集水、排水设施，将水排走。

11. 在可能滑坡的地段，应在该地段外设置多道环形截水沟，以拦截附近的地表水，修设和疏通坡脚的原排水沟，疏导地表水，处理好该区域内的生活和工程用水，阻止渗入该地段。

12. 湿陷性黄土地区，现场应设有临时或永久性的排洪防水设施，以防基坑受水浸泡，造成地基下陷。施工用水、废水应设有临时排水管道；贮水构筑物、灰地、防洪沟、排水沟等应有防止漏水措施，并与建筑物保持一定的安全距离。安全距离：一般在非自重湿陷性黄土地区应不小于 12 m，在自重湿陷性黄土地区不小于 20 m，对自重湿陷性黄土地区在 25 m 以内不应设有集水井。材料设备的堆放，不得阻碍雨水排泄。需要浇水的建筑材料，宜堆放在距基坑 5 m 以外，并防止水流入基坑内。

三、基坑排水

（一）排水注意事项

1.雨季施工中，地面水不得渗漏和流入基坑，遇大雨或暴雨时及时将基坑内的积水排出。

2.基坑在开挖过程中，沿基坑壁四周做临时排水沟和集水坑，将水泵置于集水坑内抽水。

3.尽量缩短晾槽时间，开挖和基础施工工序紧密连接。

4.遇到降雨天气，基坑两侧边坡用塑料布苫盖，防止雨水冲刷。

5.鉴于地表积水，同时施工过程中也可能出现地表的严重积水。因此，进场后根据现场地形修筑挡水设施，修建排水系统确保排水渠道畅通。

（二）开挖排水沟、集水管施工过程中的几点注意事项

1.水利工程整体优先

排水沟和集水管的设计不能干扰水利工程的整体施工，一定要有坡度，以便集水，水沟的宽度和深度均要与排水量相适应。出于排水的考虑，基坑的开挖范围应当适当扩大。

2.水泵安排有讲究

水利工程建成后，要根据抽水的数据结果来选择适当的排水泵。一味的大泵并不一定都好，因为其抽出水量超过其正常的排出水量，其流速过大，会抽出大量砂石。管壁之间要有过滤器，在管井正常抽水时，其水位不能超过第一个取水含水层的过滤器，以免过滤管的缠丝因氧化、坏损而导致涌沙。

3.防备特殊情况，以备不时之需

为防止基坑排水任务重，排水要求高，必须准备一些备用的水泵和动力设备，以便在发生突发地质灾害或机器故障时能立即补救。有条件的地区还可以采用电力发动水泵，但是供电要及时，还要保证特殊情况发生时，机器设备都能及时撤出，以免损失扩大。

因此，基坑排水工作的科学方案能保证一个水利工程的稳固，并为其施工提供良好的基础条件，妥善处理好基坑的排水问题，可谓之解决水之源、木之本的根基问题。排水系统的科学设计，能够保证地基不受破坏，也能增强地基的承载能力，从长远意义上讲更可以减少水利工程的整体开支，如果基坑排水问题处理不当，会给水利工程的运行带来巨大的安全隐患，增加了将来对水利工程的维护成本，也降低了水利工程的质量。

第五节 施工排水人员安全操作

第一，水泵作业人员应经过专业培训，并经考试合格后方可上岗操作。

第二，安装水泵以前，应仔细检查水泵、水管内应无杂物。

第三，吸水管管口应用莲蓬头，在有杂草与污泥的情况下，应外加护罩滤网。

第四，安装水泵前应估计可能的最低水位，水泵吸水高度不超过 6 m。

第五，安装水泵宜在平整的场地，不得直接在水中作业。

第六，安装好的水泵应用绳索固定拖放或用其他机械放至指定吸水点，不宜由人直接下水搬运。

第七，开机前的检查准备工作：①检查原动机运转方向与水泵是否符合。②检查轴承中的润滑油油量、油位、油质应符合规定。如油色发黑，应换新油。③打开吸水管阀门，检查填料压盖的松紧应合适。④检查水泵转向应正确。⑤检查联轴器的同心度和间隙，用手转动皮带轮和联轴器，其转动应灵活无杂声。⑥检查水泵及电动机周围应无杂物妨碍运转。⑦检查电气设备应正常。

第八，正常运行应遵守下列规定：①操作电气开关时，运转人员应带好绝缘手套、穿绝缘鞋。②开机后，应立即打开出水阀门，并注意观察各种仪表情况，直至达到需要的流量。③运转中应做到四勤：勤看（看电流表、电压表、真空表、水压表等）、勤听、勤检查、勤保养。④经常检查水泵，填料处不得有异常发热、滴水现象。⑤经常检查轴承和电动机外壳温升应正常。⑥在运转中如水泵各部有漏水、漏气、出水不正常、盘根和轴承发热以及发现声音、温度、流量等不正常时，应立即停机检查。

第九，停机应遵守下列规定：①停机前应先关闭出水阀门，再行停机。②切断电源，将闸箱上锁，把吸水阀打开，使水泵和水箱的存水放出，然后把机械表面的水、油渍擦干净。③如在运行中突然造成停机，应立即关闭水阀和切断电源，找出原因并处理后方可开机。

第五章　爆破工程建设

工程爆破是利用炸药的爆炸能量对周围的岩土、混凝土等介质进行破碎、抛掷或压缩，达到预定的开挖、填筑或处理等目的的作业。本章主要介绍爆破工程施工的各项技术。

第一节　概述

爆破施工是一种有效的工程施工方法，常用来开挖基坑和地下洞室，不仅用于开采石料，还可用于松动土方、导流截流、水下爆破等。明确爆破机理，掌握爆破技术，对于加快工程进度、提高工程质量、降低工程成本有十分重要的意义。

1. 爆破作用圈

当具有一定质量的球形药包在无限均质介质内爆炸时，在爆炸作用下，距离药包中心不同区域的介质，由于受到的作用力不同，因而产生不同程度的破坏或振动现象。被影响的范围就叫作爆破作用圈。这种现象随着与药包中心间距离的增大而逐渐消失，按对介质作用的不同可分为 4 个作用圈。

（1）压缩圈

在压缩圈范围内，介质直接承受了药包爆炸而产生的极其巨大的作用力，因而如果介质是可塑性的土壤，便会遭到压缩，形成孔腔；如果介质是坚硬的脆性岩石，便会被粉碎。所以把 R1 这个球形地带叫作压缩圈或破碎圈。

（2）抛掷圈

抛掷圈是围绕在压缩圈范围以外的地带，其受到的爆破作用力虽较压缩圈范围内小，但介质原有的结构受到破坏，分裂成为各种尺寸的碎块，而且爆破作用力尚有余力足以使这些碎块获得能量。如果这个地带的某一部分处在临空的自由面条件下，破坏了的介质碎块便会产生抛掷现象，因而叫作抛掷圈。

（3）松动圈

松动圈又称破坏圈。在抛掷圈以外至 R3 的地带，爆破的作用力减弱，除了能使介质结构受到不同程度的破坏外，没有余力可以使破坏了的碎块产生抛掷运动，因而叫作破坏圈。工程上为了实用起见，一般还把这个地带被破碎成为独立碎块的一部分叫作松动圈，而把只是形成裂缝、互相间仍然连成整块的一部分叫作裂缝圈或破裂圈。

（4）震动圈

在破坏圈范围以外，微弱的爆破作用力不能使介质产生破坏。这时介质只能在应力波的作用下，产生震动现象，通常叫作震动圈。震动圈以外爆破作用的能量就完全消失了。

2. 爆破漏斗

在有限介质中爆破，当药包埋设较浅，爆破后将形成以药包中心为顶点的倒圆锥形爆破坑，称之为爆破漏斗。爆破漏斗的形状多种多样，随着岩土性质、炸药的品种性能和药包大小及药包埋置深度等因素的不同而变化。

3. 最小抵抗线

最小抵抗线是由药包中心至自由面的最短距离。

4. 爆破漏斗半径

即在介质自由面上的爆破漏斗半径。

5. 爆破作用指数

爆破作用指数是爆破漏斗半径 r 与最小抵抗线 w 的比值。

爆破作用指数的大小可判断爆破作用性质及岩石抛掷的远近程度，也是计算药包量、决定漏斗大小和药包距离的重要参数。一般用 n 来，划分不同爆破类型：当 n=1 时，称为标准抛掷爆破漏斗；当 n > 1 时，称为加强抛掷爆破漏斗；当 0.75 < n < 1 时，称为减弱抛掷爆破漏斗；当 0.33 < n ≤ 0.75 时，称为松动爆破漏斗；当 n ≤ 0.33 时，称为裸露爆破漏斗。

6. 可见漏斗深度

经过爆破后所形成的沟槽深度叫作可见漏斗深度。它与爆破作用指数大小、炸药的性质、药包的排数、爆破介质的物理性质和地面坡度有关。

7. 自由面

自由面又称临空面，指被爆破介质与空气或水的接触面。同等条件下，临空面越多，炸药用量越小，爆破效果越好。

8. 二次爆破

二次爆破指大块岩石的二次破碎爆破。

9. 破碎度

破碎度指爆破岩石的块度或块度分布。

10. 单位耗药量

单位耗药量指爆破单位体积岩石的炸药消耗量。

11. 炸药换算系数

炸药换算系数指某炸药的爆炸力与标准炸药爆炸力之比（目前以 2# 岩石铵梯炸药为标准炸药）。

第二节　岩土开挖级别的划分

在土石方开挖过程中，为了估计施工的难易程度，正确选择施工方法和配备设备、劳力，计算工料消耗，先要根据开挖对象的工程性质及其具体指标（对施工影响较大的，有土石的容重、含水量、可松性和自然倾斜角等，见《土力学与岩石力学》），确定其开挖级别（以开挖方法和开挖难易程度划分的级别），便于与工程定额中的土石分级对应，以选取合适的定额，计算工程造价。

另外，地下工程施工方法及参数选择的主要依据是根据岩体特性及产状构造特征等确定的围岩类别。

一、水工建筑物岩石基础的开挖

对于大型水利水电工程，水工建筑物岩石基础的开挖即基坑开挖具有施工范围受限、施工期间易受导流程序的限制，且与混凝土浇筑和基础灌浆处理等多个工序平行作业等特点。需做好基坑开挖过程中的排水、合理安排施工程序、科学组织出渣运输及正确选择开挖方法与技术等工作。

基坑开挖一般遵循自上而下，分层开挖的原则，并广泛运用深孔台阶爆破方法。设计边坡轮廓面开挖，应采用预裂爆破和光面爆破方法。由于爆炸荷载的作用，在完成岩体破碎、开挖的同时，爆破不可避免地对保留岩体产生损伤，形成所滑的爆破损伤影响区。因此在建基面以上的一定范围须预留保护层，采用严格的爆破控制措施，以防止水工建筑物岩石基础的整体性遭到破坏，保证建基面有足够的承载力以及良好的稳定性与抗渗性。

1. 基础保护层以上的岩体开挖

在大型水电工程建设过程中，对水工建筑物岩石基础保护层以上的岩体开挖，国内广泛运用以毫秒爆破技术为主的深孔台阶爆破方法。常用的爆破方式有齐发爆破、微差爆破、微差顺序爆破、微差挤压爆破和小抵抗线宽孔距爆破技术等。主体建筑物部位的爆破钻孔直径不应超过 110mm，梯段爆破的最大一段起爆药量，不得大于 500kg。

2. 保护层开挖

基础保护层的开挖是控制水工建筑物岩石基础质量的关键。紧邻水平建基面的岩体保护层厚度，主要与地质条件、爆破材料性能、炮孔装药直径等有关，应由梯段爆破孔底以下的破坏深度的爆破试验确定。只有在不具备现场试验的条件下，才允许使用工程类比法确定。

对基础保护层的开挖，按照现有规定，一般分 3 层开挖。第 1 层炮孔不得穿入建基面以上 1.5m 的范围，装药直径不得大于 40mm，控制单响药量不超过 300kg；第 2 层，对节理裂隙极发育和软弱岩体，炮孔不得穿入建基面以上 0.7m 的范围，其余岩体不得超过

0.5m 的范围，且炮孔与水平建基面的夹角不应大于 60°，装药直径不应大于 32mm，须采用单孔起爆方法；第 3 层，对节理裂隙极发育和软弱岩体，须留 0.2m 的厚岩体进行撬挖，其余岩体炮孔不得穿过建基面。

上述分层开挖中规定的炮孔角度、装药直径和起爆方法，都是为了减小本层爆破对水平建基面岩体的不利影响。

保护层的分层开挖限制了水电工程岩石基础开挖的速度，成为控制施工进度的关键。因此，研究和推广水工建筑物岩石基础保护层的一次爆除技术和不留保护层次爆破到位的建基面开挖技术具有重要的工程应用价值。孔底具有柔性垫层的小梯段孔间微差顺序起爆和水平光面爆破法一次爆除保护层、取消保护层的水平预裂爆破技术等，在万安、东风、铜街子、东江、隔河岩和三峡等水电工程中相继得到成功运用，并已开始在其他大型水电工程岩石基础开挖中得到推广和应用。

二、岩石高边坡爆破开挖

由于大型水电工程一般坐落在崇山峻岭之中，因此遇到的岩石边坡普遍具有边坡高而陡、工程量大、开挖强度高、地质条件复杂受岩体加固、混凝土浇筑等施工工序干扰大等特点。

钻孔爆破是岩石高边坡开挖的主要手段，如何有效控制钻孔爆破对边坡岩体的影响，确保边坡在施工期和运行期的稳定性，是岩石高边坡开挖中的关键技术之一。钻孔爆破对边坡岩体的影响包括炮孔近区爆炸冲击波的冲击损伤及爆源中远区爆破震动对岩体结构面的振动影响等。

为控制爆破对岩石高边坡的影响，在水电工程建设中广泛采用了预裂爆破、光面爆破、缓冲爆破和深孔梯段微差爆破技术。

在边坡的设计轮廓面上采用预裂爆破或光面爆破等轮廓爆破技术可最大限度地降低对保留表层边坡岩体的损伤影响。采用预裂爆破技术还能起到隔震作用。轮廓孔和主爆孔之间的缓冲孔的作用是降低主爆孔对保留岩体的破坏与损伤。另外，通过选择合理的微差延迟时间，控制最大单响药量，可以达到控制爆破震动强度的目的。

实践表明，爆破对岩石高边坡的影响主要与爆破震动的质点峰值振动速度有关。通常将边坡坡脚处的质点峰值振动速度作为爆破震动对边坡影响的安全判据，该判据可根据边坡岩体的地质力学条件、施工条件及边坡的重要性，通过工程类比法和现场试验确定。

对于高边坡的施工程序与道路布置，由于坝址两岸地形陡峻，坝肩开挖或缆机平台开挖工程量大、工期长，且两岸不具备布置坝肩开挖道路的条件，场内交通工程量大、工期长等因素，坝肩开挖采用截流以后开挖出渣推至河床，从基坑运输出渣的施下方法。采用这种方法减少了开挖出渣道路布置的工程量，有利于施工期的环保、水保，但增加了截流以后坝肩的开挖时间和工期。如小湾电站、拉西瓦电站、锦屏一级电站和大岗山电站均采用这种方法开挖高边坡。

第三节　爆破原理及装药量计算

岩土介质的爆破破碎是炸药爆轰产生的冲击波的动态作用和爆轰气体准静态作用的联合作用结果。炸药爆轰后，在瞬时（约十万分之一秒）产生高温高压气体，对相邻介质产生极大的冲击作用，并以冲击波的形式向四周传播能量。若传播介质为空气，称为空气冲击波；若传播介质为岩土，则称为地震波。

一、爆破的基本原理

1. 无限均匀介质中的爆破作用

炸药在无限均匀介质中的爆破，相当于药包埋置很深而其爆破作用达不到临空面的爆破。在这种理想介质中的爆破作用，冲击波以药包为中心，呈同心球向四周传播。离球心越近，作用于介质的压力越大，由于介质的阻尼，随着球心半径增大，作用于介质的压力波逐渐衰减，直至全部消失。爆破作用的影响范围沿球心切割平面，可划分为以下几个部分。

（1）压缩圈（粉碎圈）：压缩圈是紧邻药包的部分介质，若为塑性介质将受到压缩形成空腔，若为脆性体将遭受粉碎形成粉碎圈。

（2）抛掷圈：抛掷圈是压缩圈外具有抛掷势能的介质。当这部分介质具有逸出的临空面，将发生抛掷，这个范围称为抛掷圈。

（3）松动圈：松动圈是抛掷圈外围的一部分介质，爆破作用只能使其破裂松动，这一范围称为松动圈。

（4）震动圈：震动圈是松动圈以外的介质，随着冲击波的进一步减弱，只能使这部分介质产生震动，故称为震动圈。

从药包中心向外，相应各圈的半径叫压缩半径 R_c、抛掷半径 R、松动半径 R_p、震动半径 R_z。各圈半径的大小与炸药的特性、药包结构、爆破方式以及介质的特性密切相关。

2. 有限介质中的爆破作用

炸药在有限均匀介质中的爆破，相当于药包埋置较浅，其爆破作用达到临空面的爆破，即爆破作用半径到达临空面的爆破。工程爆破多属于这种爆破。若药包的爆破作用使部分破碎介质具有抛向临空面的能量时，往往形成一个倒立圆锥体的爆破坑，形似漏斗，故称为爆破漏斗。

爆破漏斗的几何特征参数有：药包中心至临空面的最短距离，即最小抵抗线 W，爆破漏斗底半径 r，爆破破坏半径 R，可见漏斗深度 P 和抛掷距离 L。爆破漏斗的几何特征反映了药包能量和埋深的关系，也反映了爆破作用的影响范围。

3.按爆破作用指数进行分类

爆破作用指数 $n=r/W$ 能反映爆破漏斗的几何特征，它是爆破设计中最重要的参数。工程应用中，通常根据 n 值的大小对爆破进行分类：当 $n=1$ 即 $r=W$ 时，称为标准抛掷爆破；当 $n>1$ 即 $r>W$ 时，称为加强抛掷爆破；当 $0.75 \leqslant n<1$ 时，称为减弱抛掷爆破；当 $n<0.75$ 时，称为松动爆破。

松动爆破无岩石抛掷，漏斗半径范围内可见岩石破碎后的鼓胀现象。抛掷爆破中，破碎后的岩块部分抛掷于漏斗半径之外，部分碎石又落回到漏斗坑内，形成可见的漏斗。其深度 P 称为可见漏斗深度，可按下式计算：

$$P=CW(2n-1)$$

式中：C 为介质系数，对岩石 $C=0.33$，对黏土 $C=0.4$。

抛掷堆积体距药包中心的最大距离 L 称为抛掷距离，可按下式计算：

$$L=5nW$$

二、药包种类及药量计算

药包的类型不同，爆破的效果也各异。按形状，药包分为集中药包和延长药包。通过药包的最长边 L 和最短边 a 的比值进行划分：当 $L/a \leqslant 4$ 时，为集中药包；当 $L/a>4$ 时，为延长药包。

对于大爆破，采用洞室装药，常用集中系数 φ 来区分药包的类型。

1.对单个集中药包，其装药量计算公式为：

$$Q=KW^3 f(n)$$

式中：K 为规定条件下的标准抛掷爆破的单位耗药量，kg/m^3；

W 为最小抵抗线，m；

$f(n)$ 为爆破作用指数的函数。

2.对钻孔爆破，一般采用延长药包，其药量计算公式为：

$$Q=qV$$

式中：q 为钻孔爆破条件下的单位耗药量，kg/m^3；

V 为钻孔爆破所需爆落的方量，m^3。

总之，装药量的多少取决于爆破岩石的体积、爆破漏斗的规格和其他有关参数，但是上述公式，对于爆破质量、岩石破碎块度等要求，均未得到反映。因此，必须在实际应用中根据现场的具体条件和技术要求，加以必要的修正。

第四节　爆破方法

工程爆破的基本方法按照药室的形状不同主要可分为钻孔爆破和洞室爆破两大类。爆破的方法选取取决于施工条件、工程规模和开挖强度的要求。在岩体的开挖轮廓线上，为了获得平整的轮廓面、减小爆破对保留岩体的损伤，通常采用预裂或光面爆破等技术。另外根据不同需要可以选择定向爆破、岩塞爆破、拆除爆破等特种爆破。

一、爆破机理

岩土介质的爆破破碎是炸药爆轰产生的冲击波的动态作用和爆轰气体准静态作用，两者联合作用结果。炸药爆轰后，在瞬间（约十万分之一秒）产生高温高压气体，对相邻介质产生极大的冲击作用，并以冲击波的形式向四周传播能量。

当爆破在无限均匀的理想介质中进行时，爆炸能量将以药包中心为球心，呈同心球向四周传播。此时，爆破作用的最终影响范围通常可划分为粉碎圈、破碎圈和振动圈。

对于普通工程爆破，炸药爆轰后，气体产物温度高达 2500℃以上，作用在药室壁面的初始压力高达数千至 1 万多兆帕，冲击压力远高于介质的动抗压强度，致使药包附近的介质粉碎（硬岩）或压缩（软岩、土），形成粉碎（压缩）区。粉碎区介质消耗了冲击波很大一部分能量，致使冲击波迅速衰减为应力波。粉碎区范围很小，其半径约为药包半径的 2 ~ 3 倍。

粉碎区外紧接破碎区。在破碎区内，应力波引起的介质径向压缩导致环向拉伸。由于岩石的动抗拉强度只有动抗压强度的 1/16 ~ 1/8 左右，所以环向拉应力很容易超过岩石的抗拉强度而产生径向裂隙。径向裂隙与粉碎区连通后，高压爆生气体呈尖劈之势渗入裂隙并驱动其进一步扩展。岩石中，径向裂隙一般可延伸到 8 ~ 10 倍药包半径处。

应力波通过后，破碎区岩石应力释放，产生与原压应力方向相反的拉伸应力而导致环向裂隙的产生。径向裂隙和环向裂隙相互交叉、贯通，越靠近粉碎区，裂隙间距越小，破碎区中的岩石被纵横交错的裂隙切割成碎块。

破碎区以外，应力波和爆生气体的准静态应力场都不能再引起岩体破坏，只能引起弹性变形。实际上，破碎区之外，应力波已衰减为地震波，统称弹性振动区。以上各圈只是为说明爆破作用而划分的，并无明显界限，其作用半径的大小与炸药特性和用量、药包结构、起爆方式以及介质特性等密切相关。无限介质中的药包也称内部作用药包。

二、爆破方法

1. 钻孔爆破

根据孔径的大小和钻孔的深度，钻孔爆破又分为浅孔爆破和深孔爆破。前者孔径小于

75 mm，孔深小于 5 m；后者孔径大于 75 mm，孔深超过 5 m。

浅孔爆破有利于控制开挖面的形状和规格，使用的钻机具也较为简单，操作方便。缺点是劳动生产率较低，无法适应大规模爆破的需要。浅孔爆破大量应用于露天工程的中小型料场的开采，水工建筑物基础分层开挖，地下工程开挖及城市建筑物的控制爆破。

深孔爆破则恰好弥补了浅孔爆破的缺点，主要适用于料场和基坑的大规模、高强度开挖。

同时炮孔的布置也应该合理。在施工中形成台阶状，充分利用天然临空面或创造更多的临空面，以达到提高爆破效果，降低成本，便于组织钻孔、装药、爆破和出渣的平行流水作业，避免干扰，加快进度等目的。

2. 洞室爆破

洞室爆破通常也称为大爆破。它是先在山体内开挖导洞及药室，在药室内装入大量炸药组成的集中药包，一次可以爆破大量石方。洞室爆破可以进行松动爆破或定向爆破。进入洞室的导洞有平洞及竖井两种形式，平洞的断面一般为 1.0m×1.4 m ～ 1.2m×1.8m，竖井的断面为 1.0m×1.2m ～ 1.5m×1.8m。平洞以不超过 30 m 长为宜，竖井以不超过 20 m 深为宜。平洞施工方便，且便于通风、排水，应优先选用。药室的开挖容积与装药量、装药系数及装药密度有关，其形状有正方形、长方形、回字形、T 字形和十字形等。其容积可按下式计算：

$$V=AQ/\Delta$$

式中：V——药室的开挖容积（m²）；

Q——药包重量（kg）；

A——装药系数，与药室装药工作条件有关，一般为 1.10 ～ 1.15；

Δ——炸药装药密度（kg/m³）。

在洞室爆破中，一个导洞往往连接两个或多个药室，药室与药室间的距离为最小抵抗线的 0.8 ～ 1.2 倍。

洞室爆破的电力起爆线路一般采用并串联接或串并联的复式线路方式电爆网络或采用导爆索网络，以保证其完全起爆。起爆药包宜采用起爆敏感度及爆速较高的炸药，起爆药包的重量约占药包总重量的 1% ～ 2%，通常装在木板箱内，由导爆索和雷管来引爆。在有地下水的药室内，起爆药应有防水防潮能力。

在药室内有多个起爆药包时，为避免电爆网络引线过多而产生接线差错，可在主起爆药包用电雷管起爆，其他副起爆药包由主起爆药包引出的导爆索引爆。

洞室爆破在装药时，应注意把近期出厂且未受潮的炸药放在药室中部，并把起爆药包放置在中间，装完全部药后立即用黏土和细石渣将导洞堵塞。竖井一般要全堵，先在靠近药包处填黏土并拍实，填入 2 ～ 3m 黏土后再回填石渣。回填堵塞时，对引出的起爆线路要细心保护。

平洞的横向导洞应全堵。纵向导洞的堵长由导洞布置的方式而定：当单侧布置且横拐较短时纵导洞堵长 8 ～ 12m；当单侧布置横拐较长时纵导洞堵长 2 ～ 4m；双侧对称布置且横拐较长时纵导洞堵长 1 ~ 2m。填堵时先用黏土在靠药室处堵 2 ~ 3m，其他部位可用细石渣填塞，并注意保护引出的起爆线路。

3. 定向爆破筑坝

定向爆破筑坝是利用陡峻的岸坡布药，定向松动崩塌或抛掷爆落岩石至预定位置，截断河道，然后通过人工修整达到坝体设计要求的筑坝技术。

（1）适用条件

定向爆破筑坝，地形上要求河谷狭窄，岸坡陡峻（倾角在 40° 以上），山高山厚应为设计坝高的两倍以上；地质上要求爆区岩性均匀、强度高、风化弱、结构简单、覆盖层薄、地下水位低、渗水量小；水工上对坝体有严格防渗要求的多采用斜墙防渗；对坝体防渗要求不甚严格的，可通过爆破控制粒度分布，抛成宽体堆石坝，不另筑防渗体。泄水和导流建筑物的进出口应在堆积范围以外，应满足防止爆震的安全要求；施工上要求爆前完成导流建筑物、布药岸的交通道路、导洞药室的施工及引爆系统的铺设等。

（2）药包布置

定向爆破筑坝的药包布置可以采用一岸布药，或两岸布药。当河谷对称，两岸地形、地质、施工条件较好，则应采用两岸爆破，这样有利于缩短抛距、节约炸药，增加爆堆方量，减少人工加高工程量。当一岸不具备以上条件，或河谷特窄，一岸山体雄厚，爆堆方量已能满足需要，则一岸爆破也是可行的。定向爆破药包布置应在保证工程安全前提下，尽量提高抛掷上坝方量。从维护工程安全的角度出发，要求药包位于正常水位以上，且大于铅直破坏半径。药包与坝肩的水平距离应大于水平破坏半径。药包布置应充分利用天然凹岸，在同一高程按坝轴线对称布置单排药包。若河段平直，则宜布置双排药包，利用前排的辅助药包创造人工临空面，利用后排的主药包保证上坝堆积方量。

4. 预裂爆破和光面爆破

为保证保留岩体按设计轮廓面成型并防止围岩破坏，可采用轮廓控制爆破技术。常用的轮廓控制爆破技术包括预裂爆破和光面爆破。所谓预裂爆破，就是首先起爆布置在设计轮廓线上的成排的预裂爆破孔内的延长药包，形成一条沿设计轮廓线贯穿的裂缝，再进行该裂缝以外的主体开挖部位的爆破，保证保留岩体免遭破坏；光面爆破是先爆除主体开挖部位的岩体，然后再起爆布置在设计轮廓线上的周边孔药包，将光爆层炸除，形成一个平整的开挖面。

预裂爆破和光面爆破在坝基、边坡和地下洞岩体开挖中得到了广泛应用。

5. 岩塞爆破

岩塞爆破是一种水下控制爆破。在已建水库或天然湖泊中，通过引水隧洞或泄洪洞达到取水、发电、灌溉、泄洪和放空水库或湖泊等目的，为避免隧洞进水口修建时在深水中建造围堰，采用岩塞爆破是一种经济有效的方法。施工时，先从隧洞出口逆水流向开挖，待掌子面到达水库或湖泊的岸坡或底部附近时，预留一定厚度的岩塞，待隧洞和进口控制闸门井全部完建后，再一次将岩塞炸除，使隧洞和水库或湖泊连通。

三、爆破公害的控制与防护

爆破公害的控制与防护是工程爆破设计中的重要内容。为防止爆破公害带来破坏，应调查周围环境，掌握人员、机械设备及重要建（构）筑物等被保护对象的分布状况，并根据各种被保护对象的承受能力，按照有关规程规定的安全距离，确定是否允许爆破规模。爆破施工过程中，危险区的人员、设备应撤至安全区，无法撤离的建（构）筑物及设施必须予以防护。

爆破公害的控制与防护可以从爆源、公害传播途径以及被保护对象三方面采取措施。

1. 在爆源控制公害强度

在爆源控制公害强度是公害防护最为积极有效的措施。

合理的爆破参数、炸药单耗和装药结构既可保证预期的爆破效果，又可避免爆炸能量过多地转化为振动、冲击波、飞石和爆破噪声等公害；采用深孔台阶微差爆破技术可有效削弱爆破震动和空气冲击波强度；合理布置岩石爆破中最小抵抗线方向，不仅可有效控制飞石方向和距离，还对降低与控制爆破震动、空气冲击波和爆破噪声强度有明显效果；保证炮孔的堵塞长度与质量，针对不良地质条件采取相应的爆破控制措施对削减爆破公害的强度也是非常重要的方面。

2. 在传播途径上削弱公害强度

在爆区的开挖线轮廓处进行预裂爆破或开挖减震槽，可有效降低传播至保护区岩体中的爆破地震波强度。

对爆区临空面进行覆盖、架设防波屏可削弱空气冲击波强度，阻挡飞石。

3. 被保护对象的防护

当爆破规模已定，而在传播途径上的防护措施尚不能满足要求时，可对危险区内的建（构）筑物及设施进行直接防护。对被保护对象的直接防护措施有防震沟、防护屏以及表面覆盖等。

此外，严格执行爆破作业的规章制度，对施工人员进行安全教育，也是保证安全施工的重要环节。

四、爆破施工安全知识

爆破工作的安全极为重要，从爆破材料的运输、储存、加工，到施工中的装填、起爆和销毁均应严格遵守各项爆破安全技术规程。

（一）爆破、起爆材料的储存与保管

1. 爆破材料应储存在干燥、通风良好、相对湿度不大于 65% 的仓库内，库内温度应保持在 18℃ ~ 30℃；周围 5m 内的范围，须清除一切树木和草皮。库房应有避雷装置，接地电阻不应大于 10Ω；库内应有消防设施。

2. 爆破材料仓库与民房、工厂、铁路、公路等应有一定的安全距离；炸药与雷管（导爆索）须分开储存，两库房的安全距离不应小于有关规定；同一库房内不同性质、批号的炸药应分开存放；应严防虫鼠等啃咬。

3. 炸药与雷管成箱（盒）堆放要平稳、整齐。成箱炸药宜放在木板上，堆放高度不得超过 1.7m，宽不超过 2m，堆与堆之间应留有不小于 1.3m 的通道，炸药堆与墙壁间的距离不应小于 0.3m。

4. 严格控制施工现场临时仓库内爆破材料储存数量，炸药不得超过 3t，雷管不得超过 10000 个和相应数量的导火索。雷管应放在专用的木箱内，离炸药不少于 2m 的距离。

（二）装卸、运输与管理

1. 爆破材料的装卸均应轻拿轻放，不得受到摩擦、震动、撞机、抛掷或转倒等动作。堆放时要平稳，不得散装、改装或倒放。

2. 爆破材料应使用专车运输，炸药与起爆材料、硝铵炸药与黑火药均不得在同一车辆、车厢装运。用汽车运输时，装载不得超过允许载重量的 2/3，行驶速度不应超过 20km/h。

（三）爆破操作安全要求

1. 装填炸药应按照设计规定的炸药品种、数量、位置进行操作。装药要分次装入，用竹棍轻轻压实，不得用铁棒或用力压入炮孔内，不得用铁棒在药包上钻孔安设雷管或导爆索，必须用木或竹棒。当孔深较大时，药包要用绳子吊下，或用木制炮棍护送，不允许直接往孔内丢药包。

2. 起爆药卷（雷管）应设置在装药全长的 1/3 ～ 1/2 位置上（从炮孔口算起），雷管应置于装药中心，聚能穴应指向孔底，导爆索只许用锋利刀一次割好。

3. 遇有暴风雨或闪电打雷时，应禁止装药、安设电雷管和联结电线等操作。

4. 在潮湿条件下进行爆破时，药包及导火索表面应涂防潮剂加以保护，以防受潮失效。

5. 爆破孔洞的堵塞应保证要求的堵塞长度，充填密实不漏气。填充直孔可用干细沙土、沙子、黏土或水泥等惰性材料。最好用 1 ：3 ～ 1 ：2（黏土：粗砂）的土砂混合物，含水量在 20%，分层轻轻压实，不得用力挤压。水平炮孔和斜孔宜用 2 ：1 土砂混合物，做成直径比炮孔小 5 ～ 8mm，长 100 ～ 150mm 的圆柱形炮泥棒填塞密实。填塞长度应大于最小抵抗线长度的 10% ～ 15%，在堵塞时应注意勿捣坏导火索和雷管的线脚。

6. 导火索长度应根据爆破员在完成全部炮眼和进入安全地点所需的时间来确定，其最短长度不得小于 1m。

（四）爆破防护覆盖方法

1. 基础或地面以上构筑物爆破时，可在爆破部位上铺盖湿草垫或草袋（内装少量砂土）做头道防线，再在其上铺放胶管帘或胶垫，外面再以帆布棚覆盖，用绳索拉住捆紧，以阻挡爆破碎块冲击，降低声响。

2. 对离建筑物较近或在附近有重要设备的地下设备基础爆破，应采用橡胶防护垫（用废汽车轮胎编织成排），环索联结在一起的粗圆木、铁丝网、脚手板等护盖上其防护。

3. 对一般破碎爆破，防飞石可用韧性好的铁丝爆破防护网、布垫、帆布、胶垫、旧布垫、荆笆、草垫、草袋或竹帘等做防护覆盖。

4. 对平面结构，如钢筋混凝土板或墙面的爆破，可在板（或墙面）上架设可拆卸的钢管架子（或作活动式）上盖铁丝网，再铺上内装少量砂土的草包形成一个防护罩来进行防护。

5. 爆破时为保护周围建筑物及设备不被损坏，可在其周围 5cm 用木板加以掩护，并用铁丝捆牢，距炮孔距离不得小于 50cm。如爆破体靠近钢结构或需保留部分，必须用沙袋加以保护，其厚度不小于 50cm。

第五节　钻孔机具

钻爆作业中，钻孔消耗的时间占爆破工程各工序总时间的一半以上，其费用能占到爆破工程总费用的 70% 以上。钻孔的效率和质量在很大程度上取决于钻孔机具。

一、风钻

风钻是一种风动冲击式凿岩机，它是使用压缩空气作为动力，使钻头产生冲击作用从而破岩成孔的，浅孔作业多用轻型手提式风钻，其自重约 20 ~ 25kg，多用于向下钻铅直孔；向上及倾斜钻孔，则多采用重型支架式风钻，所用风压一般为 4×105 ~ 64×105 Pa，耗风量一般为 2 ~ 4m³/min。国内常用 YT-23 型、YT-25 型、YT-30 型以及带腿的 YTP-26 型风钻。YT-23 型自重轻，结构简单，操作方便，钻孔效率高，所以在采石场、基坑开挖、溢洪道开挖中被广泛应用。

二、回转钻

由于钻杆回转钻进，当使用岩芯管时，可取出整段岩芯，故又称为岩芯钻孔。钻杆端部可按钻孔孔径要求装大小不同的钻头，当钻一般硬度的岩石时，可用普通的钢钻头，钻头与孔底间投放钢砂；当钻中等硬度岩石时，可用嵌有硬质合金的各型钻头；当钻坚硬岩石时，则宜用金刚石（钻石）钻头。钻进过程中为了排除岩粉的干扰，冷却钻头，由钻杆顶部通过空心钻杆向孔内注水。钻进松软岩石时，可向孔内注入泥浆，使岩屑悬浮至表面溢出孔外，泥浆还起到固护孔壁的作用。回转式钻机可钻斜孔，钻进速度快。常以最大钻孔深度表示钻机型号。例如，国产 XJ-100 型和 XJ-300 型回转式钻机，其中 100 和 300 表示最大钻孔深度（m），钻孔孔径一般为 90mm、100 mm，国产机钻孔深度可达 150 m。

三、冲击钻

钻机安放在可移动的履带轮上，工作时只能钻垂直向下的孔，而不能像回转钻机一样钻斜孔。钻具悬挂在钢索上，借助偏心的传动机构完成向上的提起，向下冲击的动作。钻具凭自重下落冲击岩石，因此钻具的自重和落高也是机械类型的控制参数。国产 CZ-20 型钻机钻具重 1 000 kg，用于钻松动软岩石；CZ-2 型钻孔钻具重 550 ~ 1 300 kg，用于钻坚硬岩石，钻孔直径，前者为 150 ~ 500mm，后者为 150 ~ 300mm。

冲击式钻机钻孔，每冲击一次，钻具提离孔底，钢索旋转带动钻具旋转一个角度，以保证钻具均匀破碎岩石，形成圆形钻孔。孔内岩渣用清渣筒清除。为了冷却钻头，钻进时应不断向孔内加水或泥浆以固孔壁（详见第三章中"地下连续墙造孔"）。

四、潜孔钻

潜孔钻机较以上两种钻机有进一步改进，此机的冲击机构和钻头一起潜入孔底进行作业，靠冲击和回转破碎岩石，凿岩效率高、噪声低，可钻倾斜炮孔，钻孔效率很高。钻进牢固系数 6 ~ 10 的岩石，平均台班进尺达 35 ~ 45m。通常一根钻杆的有效钻孔深度为 8 m，因此当孔深不超过 8 m，可不接长钻杆，钻进效率更高。国内常用的 YQ-150A 型钻机，钻孔直径 170 mm，孔深达 17.5 m，钻孔倾角有 45°、60°、75°、90° 四种。在钻进过程中，将粉尘吹出孔口，由设在孔口的捕尘罩借助抽风机将粉尘吸入集尘箱处理。潜孔钻结构简单，运行可靠，维修方便，钻孔效率高，是一种通用、功能良好的深孔作业的钻孔机械。以液压动力驱动冲击机构和钻头的潜孔钻机，称为液压钻机。

第六节　爆破器材

一、炸药

1.炸药的性能指标

通常应根据岩石性质和爆破要求选择不同特性的炸药。反映炸药特性的基本性能指标有：

（1）威力。主要以爆力和猛度表示。爆力又称静力、威力，用定量炸药炸塌规定尺寸铅柱体内空腔的容积（mL）来衡量，它表征炸药膨胀介质的能力。猛度又称动力、威力，用定量炸药炸塌规定尺寸铅柱体的高度（mm）来表示，它表征炸药粉碎介质的能力。

（2）氧平衡。它是炸药含氧量和氧化反应程度的指标。当炸药的含氧量恰好等于可燃物完全氧化所需要的氧量时，则生成无毒 CO_2 和 H_2O，并释放大量热能，这种情况称为正氧平衡。若含氧量不足，就会生成有毒的CO，这种情况称为负氧平衡，释放能量也仅为正氧平衡的1/3左右。不难看出，从充分发挥炸药化学反应的放热能力和安全角度出发，炸药最好是零氧平衡。考虑炸药包装材料燃烧的需氧量，炸药通常配制成微量的正氧平衡。氧平衡可通过炸药的掺和来调节。例如，TNT炸药是负氧平衡，掺入正氧平衡的硝酸铵，可使之达到微量的正氧平衡。对于正氧平衡的炸药卷，也可增加包装纸爆炸燃烧达到零氧平衡。

（3）最佳密度。炸药能获得最大爆破效果的密度。凡高于和低于此密度，爆破效果都会降低。

（4）稳定性。炸药在长期贮存中，具有保持自身性质稳定不变的能力。

（5）敏感度。炸药在外部能量激发下，引起爆炸反应的难易程度。

（6）殉爆距。炸药药包的爆炸引起相邻药包起爆的最大距离，以cm计。

2. 常用的工业炸药

（1）TNT（三硝基甲苯）。这是一种烈性炸药，呈黄色粉末状或鱼鳞片状，难溶于水，可用于水下爆破。由于此炸药威力大，常用来做副起爆药。爆炸后呈负氧平衡，产生有毒的CO，故不适于地下工程爆破。

（2）胶质炸药（硝化甘油炸药）。这是一种烈性炸药，色黄、可塑、威力大、密度大、抗水性强可做副起爆炸药，也可用于水下及地下爆破工程。它的冻结温度高达13.2℃，冻结后，敏感度高，安全性差。随着硝铵类含水炸药出现，该类炸药的使用日趋减少。

（3）铵梯炸药。其主要成分是硝酸铵加少量的TNT和木粉混合而成。调整三种成分的百分比，可制成不同性能的铵梯炸药。这种炸药敏感度低，使用安全，缺点是吸湿性强，易结块，使爆力和敏感度降低。

国产铵梯炸药有露天铵梯炸药、岩石铵梯炸药和煤矿铵锑炸药等主要品种。工程爆破中，2号岩石铵梯炸药得到了广泛应用，并作为中国药量计算的标准炸药。其猛度为12mm，殉爆距离5cm。炸药卷直径为32～35mm，处于最佳密度时的药卷爆速约为3600 m/s，贮存有效期为6个月。

（4）浆状炸药。这是以氧化剂的饱和水溶液、敏化剂及胶凝剂为基本成分的抗水硝铵类炸药。含有水溶性胶凝剂的浆状炸药又叫水胶炸药。它具有抗水性强、密度高、爆炸威力较大、原料来源广泛和使用安全等优点，主要缺点是贮存期短。它主要在露天、有水的深孔爆破中应用广泛。

（5）铵油炸药。其主要成分是硝酸铵和柴油。为减少结块，可加入木粉。理论与实践表明，硝酸铵、柴油、木粉的最佳配比为92：4：4；当无木粉时，含油率以6%较好。铵油炸药成本低、使用安全、易于生产，但威力和敏感度较低。热加工拌和均匀的细粉状铵油炸药，可用8号雷管起爆；冷加工颗粒较粗、拌和较差的粗粉状铵油炸药需用中继药包始能起爆。铵油炸药的有效贮存期仅为7～15天，一般在施工现场拌制。

（6）乳化炸药。这是以氧化剂（主要是硝酸铵）水溶液与油类经乳化而成的油包水型乳胶体作为爆炸基质，再添加少量敏化剂、稳定剂等添加剂而成的一种乳脂状炸药。乳化炸药的爆速较高，且随药柱直径增大、炸药密度增大而提高。乳化炸药有抗水性强，爆炸性能好，原材料来源广，加工工艺简单，生产使用安全和环境污染小等优点。有效贮存期为 4～6 个月。

在水利水电工程建设中，较常见的工业炸药为铵梯炸药、乳化炸药和铵油炸药。

二、起爆器材

常用的起爆器材包括各种雷管、用来引爆雷管或爆轰波的各种材料。

1. 火雷管和电雷管

根据点火装置的不同，分为火雷管和电雷管。前者在帽孔前的插索腔内插入导火索点火引爆；后者有电器点火装置点火引爆正起炸药雷汞或迭氮铅，再引燃副起爆药产生爆轰。正起爆药外用金属加强帽封盖。电雷管有即发、秒延迟和毫秒延迟三种。常用的即发雷管为 6～8 号。秒延迟雷管不同于即发雷管之处在于点火装置与加强帽之间多了一段缓燃剂，根据缓燃剂的特点调节延迟时间，国产的秒延迟雷管分 7 段，每段延迟时间为 1s。毫秒延迟电雷管的构造是在点火装置与加强帽之间增设毫秒延迟药，国产毫秒延迟雷管有五个系列产品，其中第五系列被广泛运用，共计 20 段，最大延迟时间可达 2000 ms。

2. 导火索

导火索用来激发火雷管。索心为黑火药，外壳用棉线、纸条和防水材料等缠绕和涂抹而成。按使用场合不同，导火索分为普通型、防水型和安全型三种，其中使用最多的是每米燃烧时间为 100～125s 的普通型导火索。

3. 导爆索（线状雷管）

导爆索可分为安全导爆索和露天导爆索。水利水电常用的为露天导爆索。导爆索构造类似于导火索，但其药芯为黑索金（炸药），外表涂成红色，以此来区分两者。普通导爆索的爆速一般不低于 6500 m/s，线装药密度为 12～14g/m。合格的导爆索在 0.5m 深的水中浸泡 24h 后，其敏感度和传爆性能不变。

4. 导爆管

导爆管用于导爆管起爆网络中冲击波的传递，需用雷管引爆。它为一种聚乙烯空心软管，外径 3mm，内径 1.4mm，管内壁涂有以奥克托金或黑索金为主体的粉状炸药，线敷药密度为 14～18 mg/m。导爆管的传爆速度为 1600～2000 m/s。

5. 导爆雷管

在火雷管前端加装消爆室后，再用塑料卡口塞与导爆管连接即成导爆雷管。消爆室的主要作用在于降低导爆管口泄出的高温气流压力，防止在火雷管出火前卡口塞破裂或脱开。消爆室后无延迟药者为瞬发导爆雷管，有延迟药者为毫秒导爆雷管。秒延迟雷管的延迟时间也用精致导爆索控制。

三、起爆方法和起爆网络

工程应用中应根据环境条件、爆破规模、技术、经济效果、安全标准和炮工技术水平合理选用起爆方法。炸药的基本起爆方法包括导火索起爆法、电力起爆法、导爆管起爆法和非电塑料导爆索起爆法。当采用群药包进行爆破时，为了取得理想的爆破效果，常用起爆材料将各药包按一定顺序连接起来，即爆破网络。

1. 起爆方法

常用的起爆方法有电力起爆和非电力起爆两大类，后者又包括火花起爆、导爆管起爆和导爆索起爆。

（1）火花起爆：其是出现最早、最简单的一种起爆方法，具有技术简单、成本低等优点，但其传导速度低，误差大，目前仅用于小型工程的浅孔爆破和裸露爆破等。

（2）电力起爆：其是电源通过电线输送电能激发电雷管，继而起爆炸药的方法。电力起爆可靠性高，一次可起爆多个炸药，可有效控制起爆顺序和时间，并能实现远距离按时起爆，但技术复杂、成本高，有外来电流干扰时，容易引起早爆。

（3）导爆管起爆：其是一种新型非电起爆方法。工程上采用雷管，通过冲击激发源轴向激发导爆管，在管内形成稳定传播的爆轰波，导致末端的导爆雷管起爆进而引起药卷的起爆。

（4）导爆索起爆：其是利用导爆索传递爆轰波从而起爆炸药的方法。具有操作简单、传爆可靠、安全性好、爆速高等优点，但成本高、噪声大。

2. 起爆网络

工程爆破中采用的起爆网络可分为电力起爆网络、导爆索起爆网络、导爆管起爆网络、混合起爆网络及延时起爆网络等。

第七节　爆破工序

爆破施工是指把爆破设计付诸实施的一系列工序环节，包括装药、堵塞、起爆网络连接、警戒后起爆和爆破后可能出现的问题处理等。

一、装药

装药前应对炮孔参数进行检查验收，测量炮孔位置、炮孔深度是否符合设计要求。然后对钻孔进行清孔，可用风管通入孔底，利用压缩空气将孔内的岩渣和水分吹出。确认炮孔合格后，即可进行装药工作。一定要严格按照预先计算好的每孔装药量和装药结构进行装药，如炮孔中有水或是潮湿时，应采取防水措施或改用防水炸药。

装炸药时注意起爆药包的安放位置是否符合设计要求。另外,在炮孔内放入起爆药包后,接着放入一两个普通药包,再用炮棍轻轻压紧,不可用猛力去捣实起爆药包,防止早爆事故或将雷管脚线拉断造成拒爆。但当采用散装药时,应在装入药量80%～85%之后再放入起爆药包,这样做有利于防止静电等因素引起的早爆事故。当采用导爆索起爆时,假如周边孔爆破,应该用胶布将导爆索与每个药卷紧密贴合,这样才能充分发挥导爆索的引爆作用。

二、堵塞

炮孔装药后孔口未装药部分应该用堵塞物进行堵塞。良好的堵塞能阻止爆轰气体产物过早地从孔门冲出,保证爆炸能量的利用率。

常用的堵塞材料有砂子、黏土、岩粉等。而小直径炮孔则常用炮泥,炮泥是用砂子和黏土混合配制而成的,其重量比为3：1,再加上20%的水,混合均匀后再揉成直径稍小于炮孔直径的炮泥段。堵塞时将炮泥段送入炮孔,用炮棍适当挤压捣实。炮孔堵塞段应是连续的,中间不要间断。堵塞长度与抵抗线有关,一般来说,堵塞段长度不能小于最小抵抗线。

三、起爆网络连接

采用电雷管或塑料导爆管雷管起爆系统时,应根据系统具体要求进行网络连接。

四、警戒后起爆

警戒人员应按规定警戒点进行警戒,在未确认撤除警戒前不得擅离职守。要有专人核对装药、起爆炮孔数,并检查起爆网络、起爆电源开关及起爆主线。爆破指挥人员要确认周围的安全警戒和起爆准备工作是否完成,爆破信号已发布并生效后,方可发出起爆命令。起爆过程中需要有专人观察起爆情况,起爆后,经检查确认炮孔全部起爆后,方可发出解除警戒信号、撤除警戒人员。如发现哑炮,要采取安全防范措施后,才能解除警戒信号。

五、哑炮处理

发生哑炮后,应立即封锁现场,由现场技术人员针对装药时的具体情况,找出拒爆原因,并采取相应措施处理。处理哑炮一般可采用二次爆破法、冲洗法及炸毁法三种方法。属于漏起爆的拒爆药包,可再找出原来的导火索、塑料导爆管或雷管脚线,经检查确认完好后,进行二次起爆;对于不防水的硝铵炸药,可用水冲洗炮孔中的装药,使其失去爆炸能力;对防水炸药装填的炮孔,可用掏勺细心地掏出堵塞物,再装入起爆药包将其炸毁。如果拒爆孔周围岩石尚未发生松动破碎,可以在距拒爆孔30cm处钻一平行新孔,重新装药起爆,将拒爆孔引爆。

第六章　防汛抢险工程建设

第一节　洪涝灾害

一、洪涝、干旱集中

我国位于亚欧大陆的东南部，东临太平洋，西北深入亚欧大陆腹地，西南与南亚次大陆接壤。全国降水随着距海洋的远近和地势的高低的变化有着显著的变化。按照年降水量400mm 等值线，从东北到西南，经大兴安岭、呼和浩特、兰州，绕祁连山，过拉萨，到日喀则，斜贯大陆，将国土分为东西相等的两部分。在此线以西为集中干旱地区，年降水量 200～400mm，有的不足 100mm，年蒸发量大，常年干旱；在此线以东为洪涝多发地区，东南季风直达区内，年降水量由西向东递增，大多为 800～1600mm，沿海一带可达2000mm。

我国绝大多数河流分布在东部多雨地区，随着地势降低自西向东汇集，径流洪水自西向东递增，我国长江、黄河、淮河、海河、辽河、松花江、珠江七大江河大多数分布在这个地带，各大江河中下游 100 多万 km² 的国土面积，集中了全国半数以上的人口和 70%的工农业产值，这些地区地面工程有不少处于江河洪水位以下，易发生洪涝灾害，历来是防治洪水的重点地区。

二、洪涝灾害频发

我国大部分地区属于北温带季风区，随着季风的产生与消失，降水量具有明显的季节性变化。全国各地雨季由南向北变化，如华南地区雨季始于每年 4 月，长江中下游雨季始于6 月，而淮河以北地区则始于 7 月。到 8 月下旬以后，雨季又逐渐返回南方，雨季自北向南先后结束。我国东部沿海地区在每年夏、秋季常受发生于西太平洋的热带气候影响，引发暴雨洪水。

全国多年平均水资源总量约 $2.8 \times 10^{12} m^3$，多年平均降水量 648mm，而年降水量的70% 以上集中在汛期。新中国成立以来，虽经过大量修建水库、堤防及江河整治，使江河的防洪情况有很大改善，但由于降水量在年际分配、年内分配和地区分配的不均匀性，相当部分江河的防洪工程还不能抵御较大洪水的侵袭，又因为目前防洪减灾体系尚不够完善和健全，洪水灾害在今后很长一段时间内仍将是中华民族的心腹大患。

三、抗洪能力脆弱

大江大河部分干流没有得到有效治理，蓄滞洪区安全建设还未全面实施，中小河流治理严重滞后，部分江河缺少控制性骨干工程，很多城市防洪排涝标准偏低。如一旦遭遇超过防御标准的洪水，人力则无法抵御，洪水灾害难以避免发生。

大江大河能否安澜，直接影响着人民生命财产是否安全，直接关系着中华民族的兴亡，在防治洪水灾害人们已达成高度统一的共识。同时，由于强对流天气等极端天气事件造成的区域性山洪同样不能忽视，其引发的泥石流、山体滑坡和溪河洪水，给局部地区带来的洪灾往往是毁灭性的。由于山洪具有强度大、历时短、范围小的特点，且通常都是突发性的，往往难以预报和抵御。

四、人类活动影响严重

地面植被起着拦截雨水、调蓄地面径流的作用，由于人类滥伐森林，盲目开垦山地，地面植被不断遭到破坏，加剧了水土流失。水土流失改变了江河的产流、汇流条件，增加了洪峰流量和洪水总量，导致江河、湖泊严重淤积，降低了湖泊的天然滞（蓄）洪能力和江河防洪能力，给中下游的防洪带来了很大的困难。

随着我国社会经济高速发展和人口不断增长，城市化进程快速推进，人们不断与湖争地，我国湖泊的水面积不断缩小，很多湖泊已经消失。

人类不按客观规律办事，必将遭受大自然的报复，人类也将为之付出惨痛的教训。

第二节　洪水概述

一、洪水概念

洪水是指江湖在较短时间内发生的流量急剧增加、水位明显上升的水流现象。洪水来势凶猛，具有很大的自然破坏力，淹没河中滩地，毁坏两岸堤防等水利工程设施。因此，研究洪水特性，掌握其变化规律，积极采取防御措施，尽量减轻洪灾损失，是研究洪水的主要目的。

（一）洪水的分类和特征

洪水按成因和地理位置的不同，可分为暴雨洪水、融雪洪水、冰凌洪水以及溃坝洪水等。海啸、风暴潮等也可能引起洪水灾害，各类洪水都具有明显的季节性和地区性特点。我国大部分地区以暴雨洪水为主，但对于我国沿海的海南、广东、福建、浙江等地而言，热带气旋引发的洪水较常见，而对于黄河流域、东北地区而言，冰凌洪水经常发生。

（二）洪水三要素

1. 洪峰流量

在一次洪水过程中，通过河道的流量由小到大，再由大到小，其中最大的流量称为洪峰流量。在岩石河床或比较稳定的河床，最高洪水位出现的时间一般与洪峰流量出现的时间相同。

2. 洪水总量

洪水总量是指一次洪水通过河道某一断面的总水量它按时间长度进行统计。

3. 洪水历时

洪水历时是指在河道的某一断面上，一次洪水从开始涨水到洪峰，再到落平所经历的时间。洪水历时与暴雨持续时间和空间特性、流域特性有关。

洪峰传播时间是指自河段上游某断面洪峰出现到河段下游某断面洪峰出现所经历的时间。在调洪中，常利用洪峰传播时间进行错峰调洪，也可以进行洪水预报。

（三）洪水等级

洪水等级按洪峰流量重现期划分为以下四级：

一般洪水：5 ~ 10 年一遇。

较大洪水：10 ~ 20 年一遇。

大洪水：20 ~ 50 年一遇。

特大洪水：大于 50 年一遇。

二、洪水类型

（一）暴雨洪水

暴雨洪水是指由暴雨通过汇流在河道中形成的洪水。暴雨洪水在我国频繁发生。

1. 暴雨洪水的成因

暴雨洪水历时长短视流域大小、下垫面情况与河道坡降等因素而定。洪水大小不仅同暴雨量级关系密切，还与流域面积、土壤干湿程度、植被、河网密度、河道坡降以及水利工程设施有关。在相同的暴雨条件下，河道坡度越陡，承受的雨水越多，洪水越大；在相同暴雨和相同流域面积条件下，河道坡度越陡、河网越密，雨水汇流越快，洪水越大。如暴雨发生前土壤干旱，吸水较多，形成的洪水较小。

2. 暴雨洪水的特性

在我国，暴雨具有明显的季节性和地区性特点，年际变化也很大。对于全流域的大洪水，主要由东南季风和热带气旋带来的集中降雨产生；对于区域性的洪水，主要由强对流天气引发的短历时降雨产生。

对于一次暴雨引发的洪水而言，其洪水过程一般有起涨、洪峰出现和落平三个阶段。山区河流河道坡度陡，流速大，洪水易暴涨暴落；平原河流河道坡度缓，流速小，洪峰不明显，退水也慢。大江大河流域面积大，接纳支流众多，洪水往往出现多峰，而中小流域常为单峰。持续降雨往往出现多峰，单次降雨则为单峰。

（二）融雪洪水

融雪洪水是指流域内积雪（冰）融化造成的洪水。高寒积雪地区，当气温回升至 0℃以上时，积雪融化，形成融雪洪水。若此时有降雨发生，则形成雨雪混合洪水。融雪洪水主要发生在大量积雪或冰川发育的地区。

（三）冰凌洪水

冰凌洪水是河流中因冰凌阻塞、水位壅高或槽蓄水量迅速下泄而引起的涨水现象。黄河宁蒙河段、山东河段，以及松花江等江河，进入冬季后，河道下游封冻早于上游。按洪水成因，冰凌洪水分为冰塞洪水、冰坝洪水和融冰洪水。河道封冻后，冰盖下冰花、碎冻大量堆积造成冰塞堵塞部分河道断面，致使上游水位显著壅高，此为冰塞洪水；在开河期，大量流冰在河道内受阻，冰块上爬下插，堆积成横跨过水断面的坝状冰体，造成上游水位壅高，当冰坝承受不了上游冰、水压力时便突然破坏，迅速下泄，此为冰坝洪水；封冻河段因气温升高使冰盖逐渐融解时，河槽蓄水缓慢下泄造成洪水，此为融冰洪水。

（四）山洪

山洪是指流速大，过程短暂，往往挟带大量泥沙、石块，破坏力很大的小面积山区洪水。山洪一般由强对流天气暴雨引发，在一定地形、地质、地貌条件下产生。在其他相同条件下，地面坡度越陡，表层土质越疏松，植被越差，越易于形成。由于山洪具有强度大、分布广，且有着很大突发性、多发性、随机性特点，对人民生命财产造成极大的危害，甚至造成毁灭性的破坏。

山洪灾害可分为溪河洪水、泥石流和山体滑坡三类。

（五）泥石流

泥石流是指含饱和固体物质（泥沙、石块）的高黏性流体。泥石流一般发生在山区，暴发突然，历时短暂，洪流挟带大量泥沙、石块，来势汹涌，所到之处往往造成毁灭性破坏。

1. 泥石流形成的基本条件

（1）两岸谷坡陡峻，沟床坡降较大，并具有利于水流汇集的小流域地形。

（2）沟谷和沿程斜坡地带分布有足够数量的松散固体物质。

（3）沟谷上中游有充沛的突发性洪水水源，如瞬时极强暴雨、气温骤高导致冰雪消融、湖堰溃决等产生强大的水动力。

在我国，泥石流的分布具有明显的地域特点。在西部山区，断裂发育、新构造运动强烈、地震活动性强、岩体风化破碎、植被不良、水土流失严重的地区，常是泥石流的多发区。

2. 泥石流的组成

典型的泥石流一般由以下三个地段组成：

（1）形成区（含清水区、固体物质补给区）。形成区情况大多为高山环抱的扇状山间洼地，植被不良，岩土体破碎疏松，滑坡、崩塌发育。

（2）流通区。流通区位于沟谷中游段，往往成峡谷地形，谷底纵坡陡峻，是泥石流冲击所造成。

（3）堆积区。堆积区位于沟谷出口处，地形开阔，纵坡平缓，流速骤减，形成大小不等的扇形、锥形及垄岗地形。

3. 泥石流的分类

（1）泥石流按流体性质分为黏性泥石流、稀性泥石流、过渡性泥石流。

（2）泥石流按物质补给方式分为坡面泥石流、崩塌泥石流、滑坡泥石流、沟床泥石流、溃决泥石流。

（3）泥石流按流体中固体物质的组成分为泥石流、泥流、碎石流、水石流。

（4）泥石流按发育阶段分为发展期泥石流、活跃期泥石流、衰退期泥石流、间歇（中止）期泥石流。

（5）泥石流按暴发规格（一次泥石流最大可冲出的松散固体物质总量）分特大型泥石流（大于 50 万 m^3）、大型泥石流（10 万 ~ 50 万 m^3）、中型泥石流（1 万 ~ 10 万 m^3）和小型泥石流（小于 1 万 m^3）等。

（六）山体滑坡

山体滑坡是指由于山体破碎，存在裂隙，节理发育，整体性差，或强风化层和覆盖层堆积较厚，浸水饱和后抗剪强度降低，在外力（洪水冲刷、地震）作用下，部分山体向下坍滑的现象。山体滑坡虽影响范围小，但具有突发性，对倚山而居的居民而言，具有很大的威胁。

（七）溃坝洪水

溃坝洪水是指水库大坝、堤防、海塘等挡水建筑物遭遇超标准洪水或发生重大险情，突然溃决发生的洪水。溃坝洪水具有突发性和破坏性大的特点，对洪水防御范围内的工农业生产和人民生命财产安全构成很大威胁。

三、洪水标准

（一）频率与重现期

频率概念抽象，常用重现期来代替。所谓重现期，是指大于或等于某随机变量（如降雨、洪水）在长时期内平均多少年出现一次（多少年一遇）。这个平均重现间隔期即重现期，用 N 表示。

在防洪、排涝研究暴雨洪水时，频率 P(%) 和重现期 N(年) 存在下列关系：

$$N = \frac{1}{P}$$

$$P = \frac{1}{N} \times 100\%$$

（二）洪水标准和防洪标准

防洪标准是指防护对象防御相应洪水能力的标准，常用洪水的重现期表示，如 50 年一遇、100 年一遇等。

水利水电工程按其工程规模、效益及在国民经济中的重要性划分为五个等级，所属水利水电工程建筑物划分五个级别。

（三）堤防防洪标准

堤防是为了保障防护对象的安全而修建的，它本身并无特殊的防洪要求，它的防洪标准应根据防护对象的要求确定：

保护大片农田：10 ~ 20 年一遇；

保护一般集镇：20 ~ 50 年一遇；

保护城市：50 ~ 100 年一遇；

保护特别重要城市：300 ~ 500 年一遇；

保护重要交通干线：50 ~ 100 年一遇。

第三节　防汛组织工作

一、防汛组织机构

防汛抢险工作是一项综合性很强的工作，牵涉面广，责任重大，不能简单理解为只是属于水利部门的事情，必须动员全社会各行各业的力量参与。防汛机构担负着发动群众、组织各方面的社会力量、从事防汛指挥决策等重大任务，并且在组织防汛工作中，还需进行多方面的联系和协调。因此，防汛机构需要建立强有力的组织机构，做到统一指挥、统一行动、分工合作、同心协力共同完成。

防汛组织机构是各级政府的一个工作职能部门。我国政府设立的防汛组织机构是国家防汛抗旱总指挥部，下级有与之相关的工作协调部门。

国务院设立国家防汛抗旱总指挥部，负责组织领导全国的防汛抗旱工作，其办事机构设在国务院水行政主管部门（水利部）。在国家确定的重要江河、湖泊可以设立由有关省、自治区、直辖市人民政府和该江河、湖泊的流域管理机构负责人等组成的防汛指挥机构，指挥所管辖范围内的防汛抗洪工作，其办事机构安排在各流域管理机构。

除国务院、流域管理机构成立防汛指挥机构外，有防汛任务的各省、自治区及市、县（区）人民政府也要设立相应防汛指挥机构，负责本行政区域的防汛突发事件的应对工作。其办事机构设在当地政府水行政主管部门的水利（水务）局，负责管辖范围内的日常防汛工作。有防汛任务的乡（镇）也应成立防汛组织，负责所辖范围内防洪工程的防汛工作。有关部门、单位可根据需要设立行业防汛指挥机构，负责本行业、单位防汛突发事件的应对工作。

地方防汛指挥机构由省、市、县（区）政府有关部门，当地驻军和人民武装部队负责人组成，由当地政府主要负责人〔副省长、副市长、县（区）长〕任总指挥。指挥机构成员各地稍有不同，以市级防汛指挥机构为例，指挥部成员包括各级政府、当地驻军（武警）、水利（水务）局、市委宣传部、市发展和改革委员会（局）、市对外贸易经济合作局、市公安局、市民政局、市财政局、市国土资源局、市住房和城乡建设局、市交通运输局、市农业局、市安全生产监督管理局、市卫生局、市气象局、广播电视局等部门的主要负责人。此外，根据各地实际情况，成员还有供销社、林业局、水文局（站）、环境保护局、城市综合管理局、海事局、供电局、电信局、保险公司、石油（化）公司等部门的主要负责人。

我国海岸线很长，沿海各省、市、县（区）每年因强热带风暴、台风而引起的洪涝灾害造成的损失极其严重。因此，相关省、市、县（区）需要将防台风的工作同样放在重要位置，除防汛、抗旱工作外，还要做好防台风的工作。由此机构设置的名称为防汛防风抗旱总指挥部，简称三防总指挥部，而下设的日常办事机构，则称为三防办公室。

防汛工作按照统一领导、分级分部门负责的原则，建立健全各级、各部门的防汛机构，发挥有机的协作配合，形成完整的防汛组织体系。防汛机构要做到正规化、专业化，并在实际工作中，不断加强机构的自身建设，提高防汛人员的素质，引用先进设备和技术，充分发挥防汛机构的指挥战斗作用。

二、防汛责任制

防汛工作是关系全社会各行业和千家万户的大事，是一项责任重大而复杂的工作，它直接涉及国民经济的发展和城乡人民生命财产的安全。洪水到来时，工程一旦出现状况，防汛抢险是首当其冲的大事，防汛工作责任重于泰山，必须建立和健全各种防汛责任制，实现防汛工作正规化和规范化，做到各项工作有章可循，所有工作人员各负其责。

（一）行政首长负责制

行政首长负责制是指由各级政府及其所属部门的首长对本政府或本部门的工作负全面责任的制度，这是一种适合于中国行政管理的政府工作责任制。其指地方各级人民政府实行省长、市长、县长（区长）、乡长、镇长负责制，各省的防汛工作，由省长（副省长）负责，地（市）、县（区）的防汛工作，由各级市长、县（区）长（或副职）负责。

行政首长负责制是各种防汛责任制的核心，是取得防汛抢险胜利的重要保证，也是历来防汛抢险中最行之有效的措施。防汛抢险需要动员民众和调动各部门各方面的力量，党、政、军、民全力以赴，发挥各自的职能优势，同心协力共同完成。因此，防汛指挥机构需要政府主要负责人亲自主持，全面领导和指挥防汛抢险工作。

（二）分级管理责任制

根据水系及水库、堤防、水闸等防洪工程所处的行政区域、工程等级、重要程度和防洪标准等，确定省、地（市）、县、乡、镇分级管理运用、指挥调度的权限责任。在统一领导下，对所管辖区域的防洪工程实行分级管理、分级调度、分级负责。

（三）部门责任制

防汛抢险工作牵涉面广，需要调动全社会各部门的力量参与，防汛指挥机构各部门（成员）单位，应按照分工情况，各司其职，责任制层层落实到位，做好防汛抗洪工作。

（四）包干责任制

为确保重点地区的水库、堤坝、水网等防洪工程和下游保护对象的汛期安全，省、地（市）、县、乡各级政府行政负责人和防汛指挥部领导成员实行分包工程责任制，将水库、河道堤段、蓄滞洪区等工程的安全度汛责任分包，责任到个人，有利于防汛抢险工作的顺利开展。

（五）岗位责任制

汛期管好用好水利工程，特别是防洪工程，对防汛、减少灾害至关重要。工程管理单位的业务处室和管理人员以及护堤员、巡逻人员、防汛工、抢险队等要制定岗位责任制，明确任务和要求，定岗定责，落实到个人。岗位责任制的范围、项目、安全程度、责任时间等，要做出相关职责的条文规定，严格考核。在实行岗位责任制的过程中，要调动职工的积极性，强调严格遵守纪律。要加强管理，落实检查制度，发现问题及时纠正。

（六）技术责任制

在防汛抢险工作中，为充分发挥技术人员的专长，实现科学抢险、优化调度以及提高防汛指挥的准确性和可靠性，凡是评价工程抗洪能力、确定预报数字、制定调度方案、采取的抢险措施等有关技术问题，均应由专业技术人员负责，建立技术责任制。关系重大的技术决策，要向有着一定技术级别的人员进行咨询，以防失误。县、乡（镇）的技术人员也要实行技术责任制，对所包的水库、堤防、闸坝等工程安全做到技术负责。

（七）值班工作责任制

为了随时掌握汛情，减少灾害损失，在汛期，各级防汛指挥机构应建立防汛值班制度，汛期值班室24h不离人。值班人员必须坚守岗位，忠于职守，熟悉业务，及时处理日常事务，以便防汛机构及时掌握和传递汛情。要加强上下联系，多方协调，充分发挥水利工程的防汛减灾作用。

三、防汛队伍

为做好防汛抢险工作，取得防汛斗争的胜利，除充分发挥工程的防洪能力外，更主要的一点是在当地防汛指挥部门领导下，在每年汛期必须组织好防汛队伍。多年的防汛抢险实践证明，防汛抢险采取专业队伍与群众队伍相结合，军民联防是行之有效的。各地防汛队伍名称不同，主要由专业防汛队、群众防汛抢险队、军（警）抢险队组成。

（一）专业防汛队

专业防汛队是懂专业技术和管理的队伍，是防汛抢险的技术骨干力量，由水库、堤防、水闸管理单位的管理人员、护堤员等组成，根据平时管理中掌握的工程情况分析工程的抗洪能力，做好出险时抢险准备。在汛期期间，要上岗到位，密切注视汛情，加强检查观测，及时分析险情。专业防汛队要不断学习养护修理知识，学习江河、水库调度和巡视检查知识以及防汛抢险技术，必要时进行实战演习。

（二）群众防汛抢险队

群众防汛抢险队是防汛抢险的基础力量。它是以当地青壮年劳力为主，吸收有防汛抢险经验的人员参加，组成不同类别的防汛抢险队伍，可分为常备队、预备队、抢险队、机动抢险队等。

1. 常备队

常备队是防汛抢险的基本力量，是群众性防汛队伍，人数比较多，由水库、堤防、水闸等防洪工程周围的乡（镇）居民中的民兵或青壮年组成。常备队组织要健全，汛前登记造册编成班、组，要做到思想、工具、料物、抢险技术四落实。汛期按规定到达各防守位置，分批组织巡逻。另外，在库区、滩区、滞洪区也要成立群众性的转移救护组织，如救护组、转移组和留守组等。

2. 预备队

预备队是防汛的后备力量，当防御较大洪水或紧急抢险时，为补充加强常备队的力量而组建的。人员条件和距离范围更宽一些，必要时可以扩大到距离水库、堤防、水闸较远的县、乡（镇），要落实到每户每人。

3. 抢险队

抢险队是为防洪工程在汛期出险而专门组织的抢护队伍，是在汛前从群众防汛队伍中选拔有抢险经验的人员组成的。当水库、堤防、水闸工程发生突发性险情时，立即抽调组成的抢险队员，配合专业队投入抢险工作。这种突击性抢险关系到防汛的成败，既要迅速及时，又要组织严密、指挥统一。所有参加人员必须服从命令、听指挥。

4. 机动抢险队

为了提高抢险效果，在一些主要江河堤段和重点水库工程可建立训练有素、技术熟练、反应迅速、战斗力强的机动抢险队，承担重大险情的紧急抢险任务。机动抢险队要与管理单位结合，人员相对稳定，平时结合管理养护，学习提高技术，参加培训和实践演习。机动抢险队应配备必要的交通运输和施工机械设备。

（三）军（警）抢险队

解放军和武警部队历来在关键时刻承担急、难、险、重的抢险任务，每当发生大洪水和紧急抢险时，他们总是不惧艰险，承担着重大险情抢护和救生任务。防汛队伍要实行军民联防，各级防汛指挥部应主动与当地驻军联系，及时通报汛情、险情和防御方案，明确部队防守任务和联络部署制度，组织交流分享防汛抢险经验。当遇大洪水和紧急险情时，立即申请解放军和武警部队参加抗洪抢险。

四、防汛抢险技术培训

（一）防汛抢险技术的培训

防汛抢险技术的培训是防汛准备的一项重要内容，除利用广播、电视、报纸和互联网等媒体普及抢险常识外，对各类人员应分层次、有计划、有组织地进行技术培训，其主要包括专业防汛队伍的培训、群防队伍的技术培训、防汛指挥人员的培训等。

1. 培训的方式

（1）遵循分级负责的原则，由各级防汛指挥机构统一组织培训。

（2）培训工作应做到合理规范课程、考核严格、分类指导，保证培训工作质量。

（3）培训工作应结合实际，采取多种组织形式，定期与不定期相结合，每年汛前至少组织一次培训。

2. 专业防汛队伍的培训

对专业技术人员应举办一些抢险技术研讨班，请有实践经验的专家传授抢险技术，并通过实战演习和抢险实践提高抢险技术水平。对专业抢险队的干部和队员，每年汛前要举办抢险技术学习班，进行轮训，集中学习防汛抢险知识，并进行模拟演习，利用旧堤、旧坝或其他适合的地形条件进行实际操作，提高抗洪抢险能力。

3. 群防队伍的技术培训

对群防队伍一般采取两种办法：一是举办短期培训班，进入汛期后，在地方（县）防汛指挥部的组织领导下，由地方（县）人民武装部和水利管理部门召集常备队队长、抢险队队长集中培训，时间一般为 3 ~ 5d，也可采用实地演习的办法进行培训；二是群众性的学习，一般基层管理单位的工程技术人员和常备队队长、抢险队队长分别到各村向群众宣讲防汛抢险常识，并辅以抢险挂图和模型、幻灯片、看录像等方式进行直观教学，便于群众领会掌握。

4.防汛指挥人员的培训

组织应举办由防汛指挥人员、防汛指挥成员单位负责人参加的防汛抢险技术研讨班，重点学习和研讨防汛责任制、水文气象知识、防汛抢险预案、防洪工程基本情况、抗洪抢险技术知识等，使防汛抢险指挥人员能够科学决策、指挥得当。

（二）防汛抢险演习

为贯彻"以防为主，全力抢险"的防汛工作方针，强化防汛抢险队伍建设，各级防汛抗旱指挥机构应定期举行不同类型的应急演习，以验收成果、改善和强化应急准备和应急响应能力；专业抢险队伍必须针对当地易发生的各类险情有针对性地每年进行抗洪抢险演习；多个部门联合进行专业演习，一般 2 ~ 3 年举行一次，由省级防汛指挥机构负责组织。

防汛抢险演习主要包括现场演练、岗位练兵、模拟演练等，是根据各地方的防汛需要和实际情况进行，一般内容如下：

1.现场模拟堤防漫溢、管涌、裂缝等险情，以及供电系统故障、人员落水遇险等。

2.险情识别、抢护办法、报险、巡堤查险、抢险组织、各种打桩方法。

3.进行水上队列操练、冲锋舟水流湍急救援、游船紧急避风演练、某村群众遇险施救、个别群众遇险施救、群众转移等项目演习。

4.水库正常洪水调度、非常洪水预报调度、超标准洪水应急响应、提闸泄洪演练。

5.泵站紧急强排水演练、供电故障排除演练。

6.堤防工程的水下险情探测、抛石护坡、管涌抢护、裂缝处理、决口堵复抢险等。

通过各种仿真联合演习，进一步提高地方防汛抢险队伍互动配合能力，增加抢险队员抢险救灾的技巧，积累应急抢险救灾的经验，增强抢险救灾人员的快速反应和防汛抢险救灾技能，提高抗洪抢险的实战能力。

第四节　防汛工作流程

防汛工作是一项常年的任务，每年防汛工作的结束，就是次年防汛工作的开始。防汛工作大体可分为汛前准备、汛期工作和汛后工作三个部分。

一、汛前准备

每年汛前，在各级防汛指挥部门领导下做好各项防汛准备是夺取防汛抗洪斗争胜利的基础。汛前主要的准备工作有以下几项：

（一）思想准备

通过召开防汛工作会议，新闻媒体广泛宣传防汛抗洪的有关方针政策，以及本地区特殊的多灾自然条件特点，充分强调做好防汛工作的重要性和必要性，减少麻痹、侥幸心理，树立"防重于抢"的思想，有着防大汛、抢大险、抗大灾的思想准备。

（二）组织准备

建立健全防汛指挥机构和常设办事机构，实行以行政首长负责制为核心的分级管理责任制、分包工程责任制、岗位责任制、技术责任制、值班工作责任制等。落实专业性和群众性的防汛抢险队伍。

（三）防御洪水方案准备

各级防汛指挥部门应根据上级防汛指挥机构制定的洪水调度方案，按照确保重点、兼顾一般的原则，结合水利工程规划及实际情况，制定出本地区水利工程调度方案及防御洪水方案，并上报上级批准后执行。所有水利工程管理单位也都要根据本地区水利工程调度方案，结合工程规划设计和实际情况，在服从防洪、确保安全的前提下，由管理单位制定工程调度运用方案，并报上级批准执行。有防洪任务的城镇、工矿、交通以及其他企业，也应根据流域或地方的防御洪水方案，制定本部门或本单位的防御洪水方案，并报上级批准执行。

（四）工程准备

各类水利工程设施是防汛抗洪的重要物质基础。由于受大自然和人类活动的影响，水利工程的工作状况会发生变化，抗洪能力会有所削弱，如汛前未能及时发现和处理，一旦汛期情况突变，往往会造成大的损失。因此，每年汛前要对各类防洪工程进行全面的检查，以便及时发现薄弱环节，采取措施，消除隐患。对于影响安全的因素，要及时加以处理，使工程保持良好状态；对于一时难以处理的问题，要制定安全度汛方案，确保水利工程安全度汛。

（五）气象与水文工作准备

气象部门和水文部门应按防汛部门要求提供气象信息和水文情报。水文部门要检查各报汛站点的测报设施和通信设施，确保测得准、报得出、报得及时。

（六）防汛通信设施准备

通信联络是防汛工作的生命线，通信部门要保证在汛期能及时传递防汛信息和防汛指令。各级防汛部门间的专用通信网络要畅通，并要完善与主要堤段、水库、滞蓄洪区及有关重点防汛地区的通信联络。

（七）防汛物资和器材准备

防汛物资实行分级负担、分级储备、分级使用、分级管理、统筹调度的原则。省级储备物资主要用于补助流域性防洪工程的防汛抢险，市、县级储备物资主要用于本行政区域内防洪工程的防汛抢险。有防汛抗洪任务的乡镇和单位应储备必要的防汛物资，主要用于本地和本单位防汛抢险，并服从当地防汛指挥部的统一调度。常用的防汛物资和器材有：块石、编织袋、麻袋、土工布、土、砂、碎石、块石、水泥、木材、钢材、铅丝、油布、绳索、炸药、挖抬工具、照明设备、备用电源、运输工具、报警设备等。应根据工程的规模以及可能发生的险情和抢护方法对上述物资器材做一定数量的储备，以备不时之需。

（八）行蓄滞洪区运用准备

对已确定的行蓄滞洪区，各级防汛指挥部门要对区内的安全建设、通信、道路、预警、救生设施和居民撤离安置方案等进行确认并落实。

二、防汛责任制度

各级防汛指挥部门要建立健全分级管理责任制、分包工程责任制、岗位责任制、技术责任制、值班工作责任制。

（一）分级管理责任制

根据水系以及堤防、闸坝、水库等防洪工程所处的行政区域、工程等级和重要程度以及防洪标准等，确定省、市、县各级管理运用、指挥调度的权限责任，实行分级管理、分级负责、分级调度制度。

（二）分包工程责任制

为保障重点地区和主要防洪工程的度汛安全，各级政府行政负责人和防汛指挥部领导成员实行分包工程责任制。例如分包水库、分包河道堤段、分包蓄滞洪区、分包地区等。

（三）岗位责任制

汛期管好用好水利工程，特别是防洪工程，对减少灾害损失至关重要。工程管理单位的业务部门和管理人员以及护堤员、巡逻人员、抢险人员等要制定岗位责任制，明确任务和要求，定岗定责，落实到个人。岗位责任制的范围、内容、责任等，都要做出明文规定，严格考核。

（四）技术责任制

在防汛抢险中要充分发挥技术人员的技术专长优势，实现优化调度，科学抢险，提高防汛指挥的准确性和可行性。预测预报、制定调度方案、评价工程抗洪能力、采取抢险措施等有关防汛技术问题，应由各专业技术人员负责，建立技术责任制。

（五）值班工作责任制

汛期容易突然发生暴雨洪水、台风等灾害，而且防洪工程设施在自然环境下运行，也会出现异常现象。为预防不测，各级防汛机构均应建立防汛值班制度，使防汛机构及时掌握和传递汛情，加强上下级联系，多方协调，充分发挥枢纽作用。汛期值班人员的主要责任如下：

1. 了解掌握汛情。汛情一般包括雨情、水情、工情、灾情。

2. 按时报告、请示、传达。按照报告制度，对于重大汛情及灾情要及时向上级汇报；对于需要采取的防洪措施要及时请示；对于授权传达的指挥调度命令及意见，要及时准确传达。

3. 熟悉所辖地区的防汛基本资料和主要防洪工程的防御洪水方案的调度计划，对所发生的各种类型洪水要根据有关资料进行分析研究。

4. 对发生的重大汛情等要整理好值班记录，以备查阅并归档保存。

5. 严格执行交接班制度，认真履行交接班义务。

6. 做好保密工作，严守机密。

三、汛期巡查

汛前对防洪工程进行全面仔细的检查，对险工、险段、险点部位进行登记；汛期或水位较高时，要加强巡检查险工作，必须实行昼夜值班制度。检查一般分为日常巡查和重点检查。

（一）日常巡查

日常巡查即要对可能发生险情的区域进行查看，做到"徒步拉网式"巡查，不漏疑点。要把对工程的定时检查与不定时巡查结合起来，做到"三加强、三统一"。即加强责任心，统一领导，任务落实到人；加强技术指导，统一填写检查记录的格式，如记述出现险情的时间、地点、类别，绘制草图，同时记录水位和天气情况等有关信息，必要时应进行测图、摄影和录像，甚至采取应急措施，并同时报上一级防汛指挥部；加强抢险意识，统一巡查范围、内容和报警方法。

（二）重点检查

重点检查即重点对汛前调查资料中所反映出来的险工、险段，以及水毁工程修复情况进行检查。重点检查要认真细致，特别注意发生的异常情况，科学分析和判断，若为险情，要及时采取措施，组织抢险，并按程序及时上报。

（三）检查的范围

检查的范围包括堤坝主体工程、堤（河）岸，背水面工程压浸台，距背水坡脚一定范围内的水塘、洼地和水井，以及与工程相接的各种交叉建筑物。检查的主要内容包括是否有裂缝、滑坡、跌窝、洞穴、渗水、塌岸、管涌（泡泉）、漏洞等险情发生。

（四）检查的要求

检查必须注意"五时"，做到"四勤""三清""三快"。

1. 五时

五时即黎明时、吃饭时、换班时、黑夜时、狂风暴雨交加时，这些时候往往最容易疏忽忙乱，注意力不集中，险情不易判查，容易被遗漏，特别是对已经处理过的险情和隐患，更要注意检查，提高警惕。

2. 四勤

四勤即勤看、勤听、勤走、勤做。

3. 三清

三清即险情要查清、信号要记清、报告要说清。

4. 三快

三快即发现险情要快，处理险情要快，报告险情要快。

以上几点即要求及时发现险情，分析原因，小险迅速处理，防止发展扩大，重大险情立即报告，尽快处理，避免溃决失事，造成严重灾害。

（五）巡查的基本方法

巡查的主要目的是发现险情，巡查人必须做到认真、细致。巡查时的主要方法也很简单，可概括为"看、听、摸、问"四个字。

1. 看

主要查看工程外观是否与正常状态有差异。要查看工程表面是否出现缝隙，是否发生塌陷坑洞，坡面是否出现滑挫等现象；要查看迎水面是否有漩涡产生，迎水坡是否有垮塌；要查看背水坡是否有较大面积湿润、背水坡和背水面地表是否有水流出，背水面渠道、洼地、水塘里是否有翻水现象，水面是否变浑浊。

2. 听

仔细聆听工程周围的声音，如迎水面是否有形成漩涡产生的嗡嗡声、背水坡脚是否有水流的潺潺声、穿堤建筑物下是否有射流形成的哗哗声。

3. 摸

当发现背水坡有渗水、冒水现象时，用手感觉水温，如果水温明显低于常温，则表示该水来自外江水，此处必为险情；用手感觉穿堤建筑物闸门启闭机是否存在震动，如果是，则闸门下可能存在漏水等险情。

4. 问

因地质条件等原因，有时险情发生的范围远超出一般检查区域，因此，要问询附近居民，农田中是否发生冒水现象、水井是否出现浑浊等。

四、汛后工作

汛期高水位时水利工程局部特别是险工、险段处或多或少会发生一些损坏，这些损坏处在水下不易被发现，经历一个汛期，汛后退水期间，这些水毁处将逐渐暴露出来，有时因退水较快，还可能出现临水坡岸崩塌等新的险情。为全面查清水利工程险工隐患，调查水利工程的安全隐患，必须开展汛后检查工作。汛后检查工作，应包括以下几个方面的内容：

（一）工程检查

一是要重点检查汛期出险的状况；二是要对水利工程进行一次全面的普查，特别是重点险工和险段处；三是要做好通信及水文设施的检查工作。详细记录险情部位的相关资料，分析险情产生的原因，制定险情处置建议方案。

（二）防汛预案和调度方案修订

比对实施的防汛预案和调度方案，结合汛期实际操作情况，完善和修订下年度的防汛预案和调度方案。

（三）汛情总结

全面调查汛期各方面工作，包括当年洪水特征、洪涝灾害情况、形成原因、发生与发展过程等，发生险情情况、应急抢护措施、洪水调度情况、救灾中的经验与教训等。

（四）工程修复

结合秋冬水利建设项目制定水毁工程整险修复方案，安排或申报整险修复工程计划，在翌年汛前完成整险修复工程任务。

（五）其他工作

其他各方面的工作，如清点核查防汛物资，对防汛抢险所耗用和过期变质失效的物料、器材及时办理核销手续，并增储补足。

第七章　水利工程建设质量控制

近年来，国家投资大量资金新建、续建、维修、加固大批水利工程，为确保水利设施安全、确保人民生命财产安全、确保水源充足，这些水利工程在国民经济中发挥了巨大的作用。但在水利工程建设中仍有忽视工程质量的问题存在，必须高度重视，使我们在水利工程建设中总结经验，吸取教训，把水利工程质量摆在首要位置，真正把水利工程建设好。

第一节　质量控制的作用和任务

一、工程项目质量和质量控制的概念

1. 广义和狭义的质量概念

质量的主体是实体。实体可以是活动或过程（如监理单位受业主委托实施工程建设监理或承建商履行施工合同的过程），也可以是活动或过程结果的有形产品（如建成的厂房）或无形产品（如监理规划、监理实施细则等），也可以是某个组织体系或人，以及以上各项的组合。需要通常被转化为有规定准则的特性，如适用性、安全性、可信性、可靠性、可维修性、经济性、美观和环境协调等方面。明确需要是指在合同、标准、规范、图纸、技术文件中已经做出明确规定的要求。隐含需要一是指顾客或社会对实体的期望，二是指那些人们所公认的、不言而喻的、不必作出规定的需要，如住宅应满足人们最起码的居住功能即属于隐含需要。

广义的质量是指工程项目质量，它包括工程实体质量和工作质量两部分。工程实体质量包括工程质量、分部工程质量、单位工程质量；工作质量包括社会工作质量（如社会调查、市场预测、质量回访和保修服务等的质量）和生产过程工作质量（如政治工作质量、管理工作质量、技术工作质量和后勤服务质量等）。

工程质量的好坏是决策、计划、勘察、设计、施工等单位各方面、各环节工作质量的综合反映，而不是单纯靠质量检验检查出来的。要保证工程质量，就要求有关部门和人员细心工作，对决定和影响工程质量的所有因素严加控制，即以提高工作质量来保证工程实体质量。

2. 工程项目质量控制的概念

工程项目质量控制可定义为：为达到工程项目质量要求所采取的作业技术。

工程项目质量要求则主要表现为工程合同的规定、设计文件、技术规范规定的质量标准。因此，工程项目质量控制就是为了保证达到工程合同规定的质量标准而采取的一系列措施。

工程项目的质量控制按其实施者不同，包括以下三个方面：

（1）业主方面的质量控制工程建设监理的质量控制。其特点是外部的、横向的控制。工程建设监理的质量控制，是指监理单位受业主委托，为保证工程合同规定的质量标准对工程项目的质量控制。

（2）政府方面的质量控制政府监督机构的质量控制。其特点是外部的、纵向的控制。政府监督机构的质量控制是按城镇或专业部门建立有权威的工程质量监督机构，根据有关法规和技术标准，对本地区或本部门的工程质量进行监督检查。

（3）承建商方面的质量控制。其特点是内部的、自身的控制。

二、工程建设各阶段对质量形成的影响

工程建设的不同阶段，对工程项目质量的形成有着不同的作用和影响。

1. 项目可行性研究阶段

项目可行性研究是运用技术经济学原理，在对与投资建设有关的技术、经济、社会、环境等方面进行调查研究的基础上，对各方面的拟建方案和建成投产后的经济效益、社会效益和环境效益等技术经济指标进行并分析、预测和论证，以确定项目建设的工程项目在可行的情况下实施最佳建设方案，以作为决策、设计的依据的过程。在此阶段需要确定工程项目的质量要求，并与投资目标相协调。因此，项目的可行性研究直接影响项目决策的质量。

2. 工程项目决策阶段

工程项目决策阶段的任务主要是确定工程项目应达到的质量目标及水平，项目决策要能充分反映业主对质量的要求和意愿。

3. 工程项目设计阶段

工程项目设计阶段，根据工程项目决策阶段已确定的质量目标和水平，通过工程设计使其具体化。设计在技术上是否可行、工艺是否先进、经济是否合理、设备是否配套、结构是否安全可靠等，都将决定工程项目建成后的使用价值和功能。因此，工程项目设计阶段是影响工程项目质量的决定性环节。

4. 工程项目施工阶段

工程项目施工阶段，根据设计文件和图纸的要求，通过施工形成工程实体，这一阶段直接影响工程的最终质量。因此，工程项目施工阶段是工程质量控制的关键环节。

5.工程项目竣工验收阶段

工程项目竣工验收阶段，对工程项目施工阶段的质量进行试车运转。检查评定，考核质量是否符合设计阶段的质量要求。这一阶段是工程建设向生产转移的必要环节，影响工程是否最终形成生产能力，体现了工程质量水平的最终结果。

三、质量控制的依据

工程项目施工阶段，监理人员进行质量控制的依据主要有以下几类：

1.国家颁布的有关质量方面的法律法规。为了保证工程质量，监督规范建设市场。

2.已批准的设计文件、施工图纸及相应的设计变更与修改文件。"按图施工"是施工阶段质量控制的一项重要原则，已批准的设计文件无疑是监理人员进行质量控制的依据。但是从严格质量管理和质量控制的要求出发，监理单位在施工前还应参加建设单位组织的设计交底工作，以达到了解设计意图和质量要求，发现图纸差错和减少质量隐患的目的。

3.已批准的施工组织设计、施工技术措施及施工方案。施工组织设计是承包人进行施工准备和指导现场施工的规划性指导性文件，它详细规定了承包人进行工程施工的现场布置、人员组织配备和施工机具配置，每项工程的技术要求、施工工序和工艺、施工方法及技术保证措施，以及质量检查方法和技术标准等。施工承包人在工程开工前，必须提出对于所承包的建设项目的施工组织设计报请监理人审查，一旦获得批准，它就成为监理人进行质量控制的重要依据之一。

4.合同中引用的国家和行业的现行施工操作技术规范、施工工艺规程及验收规范、评定规程。国家和行业（或部颁）的现行施工技术规程规范和操作规程，是建立、维护正常的生产秩序和工作秩序的准则，也是为有关人员制定的统一行动准则，它是工程施工经验的总结，与质量密切相关，因此必须严格遵守。

5.合同中引用的有关原材料、半成品、构配件方面的质量依据。有关产品技术标准，如水泥、水泥制品、钢材、石材、石灰、砂、防水材料、建筑五金及其他材料的产品标准。

6.发包人和施工承包人签订的工程承包合同中有关质量的合同条款。监理合同写有发包人和监理单位有关质量控制的权利和义务的条款，施工承包合同写有发包人和施工承包人有关质量控制的权利和义务的条款，各方都必须履行合同中的承诺，尤其是监理单位，既要履行监理合同的条款，又要监督施工承包人履行质量控制条款。因此，监理单位要熟悉这些条款，当发生纠纷时，应及时采取协商调解等手段解决。

7.制造厂提供的设备安装说明书和有关技术标准。制造厂提供的设备安装说明书和有关技术标准是施工安装承包人进行设备安装必须遵循的重要技术文件，同样是监理人员对承包人的设备安装质量进行检查和控制的依据。

四、质量控制的作用和任务

(一)质量控制的作用

监理单位受建设单位的委托,依据国家和政府颁布的有关标准、规范、规程、规定及工程建设的有关合同文件,对工程建设项目质量形成过程的各个阶段、各个环节中影响工程质量的因素进行有效的控制,预防减少或消除质量缺陷,达到业主对工程质量的要求,使工程建设项目产生有良好的投资效益和社会效益。由此可见,质量控制在工程建设项目实施过程中具有十分重要的作用。

1. 克服由建设单位进行质量控制的片面性和放任性的弊端

监理单位按照建设单位的委托监理合同进行质量控制,就有了法律上的保证。监理单位是专职的质量控制监督机构,可以比建设单位更多深入施工现场,及时发现施工中的质量问题并加以纠正。监理单位是工程建设过程中的监督者,在某种意义上还是质量控制的实施者,监理单位还可以对建设单位进行质量控制发挥参谋作用,协助其进行质量控制决策,解决重大质量问题。

2. 促进建设单位和施工单位的质量控制活动

监理单位由于深入施工现场进行全过程质量控制,故可以促使施工单位更加自觉地按照技术规范、操作规范、设计要求、施工方案、工作程序、检验方法等进行施工,从而可以确保工程施工质量,对施工单位的技术水平与管理水平也可以起到促进和提高作用。监理单位实施对施工质量保证体系的检查监督,发现不完善的加以帮助改正,对健全质量体系、加强施工单位的全面质量管理是十分有益的。

3. 有利于施工单位健全施工保证体系

保证工程质量是一个复杂的系统工程,其中主要依靠施工单位内部建立完善的质量保证体系和正常运行,而施工单位的质量保证体系受合同环境的影响很大,如监理单位、材料供应单位、分包单位、外协单位等,都是质量保证体系的构成要素,如果没有这些单位的质量保证,施工单位的质量就不能保证,就会出现质量问题。监理单位除对施工单位进行质量监理外,还对其产品合同环境的质量活动进行监理,审查各有关的质量保证体系,对其产品进行验收、检验、认证等把关活动。这一重要工作,离开质量监理是不可能完成的。

(二)质量控制的主要内容

质量控制包括以下主要内容:

1. 审查承包者的资格和质量保证条件,优选承包者,确认分包者。

2. 确定质量标准和明确质量要求。

3. 督促承建商建立与完善质量保证体系。

4. 组织与建立本项目的质量控制体系。

5. 项目实施过程中实行质量跟踪、监督、检查、控制等措施。

6.质量缺陷或事故的处理。

（三）施工阶段质量控制的任务

施工阶段的质量控制是工程项目全过程质量控制的关键环节。工程质量很大程度上取决于施工阶段的质量控制，其中心任务是要通过建立、健全有效的质量监督工作体系来确保工程质量达到合同规定的标准和等级要求。根据工程质量形成的时间阶段，施工阶段的质量控制可分为质量的事前控制和事后控制；其中，工作的重点应是质量的事前控制。

1.质量的事前控制

（1）确定质量标准，确定质量要求。

（2）建立本项目的质量监理控制体系。

（3）施工场地的质检验收，包括：现场障碍物的拆除、迁建及清除后的验收；现场定位轴线及高程标桩的测设、验收。

（4）审查承建商的资质，包括：总承包单位的资质在招标阶段已进行了审查，开工时应检查工程主要技术负责人是否到位；审查分包单位资质。

（5）督促承建商建立并完善质量保证体系。

（6）检查工程使用的原材料、半成品，包括：审核工程所用材料，半成品的出厂证明、技术合格和质量保证书；抽检材料半成品质量；对采用的新材料、新型制品，应检查技术鉴定文件；对重要的原材料、制品、设备的生产工艺、质量控制检测手段应该实地考察，督促生产厂家完善质量保证体系和质量保证措施；检查结构构件生产厂家的生产许可证，考察其生产工艺；设备安装前，还是按相应技术说明书的要求检查其质量。

（7）施工机械的质量控制，包括：对影响工程质量的施工机械，按技术说明书查验其相应的技术性能，不符合要求的，不得在工程中采用；检查施工中使用的计量器具是否有相应的技术合格证，正式使用前进行校验与校正。

（8）审查施工单位提交的施工组织设计或施工方案，包括：审查施工组织设计或施工方案对保证工程质量是否有可靠的技术和组织措施；结合监理工程项目的具体情况，要求施工单位编制重点分部（分项）工程的施工方法文件；要求施工单位提交针对当前工程质量通病制定的技术措施；要求施工单位提交为保证工程质量而制定的质量预控措施；要求总包单位编制"土建、安装、装修"标准工艺流程图；审核施工单位关于材料、制品试件取样机试验的方法或方案；审核施工单位制定的成品保护的措施、方法；考核施工单位实验室的资质；完善质量报表、质量事故的报告制度等。

2.质量的事中控制

质量的事中控制主要是指对其施工工艺过程的质量控制，其方式有现场检查、旁站、测量和试验。

（1）工序交接检查：坚持上道工序不经检查验收不准进行下道工序的原则，检验合格后签署认可才能进行下道工序。

（2）隐蔽工程检查验收。

（3）做好设计变更以及技术核定的处理工作。

（4）工程质量事故处理；分析质量事故的原因、责任；审核、批准处理工程质量事故的技术措施或方案；检查处理措施的效果。

（5）行使质量监督权，下达停工指令。

（6）严格执行工程开工报告和复工报告审批制度。

（7）进行质量和技术鉴定。

（8）对工程进度款的支付签署质量认证意见。

（9）建立质量监理日志。

（10）组织现场质量协调会。

（11）定期向总监理工程师和业主报告有关的质量动态情况。

3.质量的事后控制

（1）组织试车运转。

（2）组织单位、单项工程竣工验收。

（3）组织对工程项目进行质量评定。

（4）审核竣工图及其他技术文件资料。

（5）整理工程技术文件资料并编目建档。

（四）保修阶段质量控制的任务

1.审核承建商的工程保修证书。

2.检查、鉴定工程质量状况和工程使用状况。

3.对出现的质量缺陷确定责任人。

4.督促承建商修复质量缺陷。

5.在保修期结束后，检查工程保修状况，移交保修资料。

五、质量控制中遵循的原则

监理工程师在质量控制中应遵循以下原则：

1.坚持质量第一。

2.坚持以人为控制中心。

3.坚持以预防为主。

4.坚持质量标准。

5.贯彻科学、公正、守法的职业规范。

第二节 影响工程质量的主要因素

在工程建设中，施工阶段影响工程质量的因素主要有人工、材料、施工方案、施工机械和环境等以上五大方面。因此，事前对这五方面的因素严格予以控制，是保证建设项目工程质量的关键。

一、人的控制

人是直接参与工程建设的决策者、组织者、指挥者和操作者。以人作为控制的对象，是为了避免产生失误，控制的动力，是充分调动人的积极性，发挥"人的因素第一"的主导作用。为了避免人为的失误，调动人的主观能动性，增强人的责任感和质量观，达到以工作质量保工序质量、促工程质量的目的。除加强政治思想教育，劳动纪律教育、职业道德教育；专业技术知识培训；健全岗位责任制；改善劳动条件；公平合理地激励外，还需根据工程项目的特点。从确保质量出发，本着适才适用，扬长避短的原则来控制人的使用。

在工程监理质量控制中，应从以下几方面来考虑人对质量的影响。

1. 领导者的素质

在对施工承包单位进行资质认证和优选时，一定要考核领导层的素质。因为领导层的整体素质高，必然决策能力强，组织机构健全，管理制度完善，经营作风正派，技术措施得力，社会信誉好，实践经验丰富，善于协作配合。这样，就有利于合同执行，有利于确保质量、进度、投资三大目标的控制。事实证明，领导层整体素质的提升是提高工作质量和工程质量的关键。因此，在 FIDIC（国际咨询工程师联合会）合同条款中明文规定：对项目经理、总工程师，以及计划、财务、质量、主体工程、装饰、试验、机械等的主要管理人员的个人经历及能力均要进行考查；监理工程师有权随时检查承包人员的情况，有权建议撤销承包方的任何施工人员，有权建议业主解除合同和驱逐承包商等。这些均有利于加强对承包方人员的控制，促使承包方领导层提高领导素质和管理水平。

2. 人的理论、技术水平

人的理论、技术水平直接影响工程质量水平尤其是对技术复杂、难度大、精度高、工艺新的建筑结构或者建筑安装的工序操作，均应选择既有丰富理论知识，又有丰富实践经验的工程技术人员承担。必要时，还应该对他们的技术水平予以考察，进行资质认证。

3. 生理的缺陷

根据工程施工的特点和环境，应严格控制人的生理缺陷，如有高血压、心脏病的人，不能从事高空作业和水下作业；反应迟钝、应变能力差的人，不能操作快速运行、动作复杂的机械设备；视力、听力差的人，不宜参与校正、测量或信号、旗语指挥的作业等。否则，将影响工程质量，引起安全事故、产生质量事故。

4. 人的心理行为

人由于要受社会、经济、环境条件和人际关系的影响，要受组织纪律、法律、规章和管理制度的限制。要受劳动分工、生活福利和工资报酬的支配。因此人的劳动态度、注意力、情绪、责任心等在不同地点、不同时期都会有所变化。如个人某种需要未得到满足，或者受到批评处分，带着不满的不稳定情绪工作，或上下级关系紧张，产生疑虑，畏惧、抑郁的心理，注意力发生转移，就极易引发质量、安全事故。因此，对某些需确保质量、万无一失的关键工序和操作。一定要分析人的心理变化，控制人的思想活动，稳定人的情绪。

5. 人的错误行为

人的错误行为，是指在工作场地或工作中吸烟、打赌、错视、错听、误判断、误动作等，这些都会影响质量或造成安全事故。所以，应采取措施，预防发生质量和安全事故。

6. 人的违纪违章

对人的违纪违章，必须严加教育、及时制止。

此外，应严格禁止无技术资质的人员上岗操作。总而言之，在使用人的问题上，应从思想素质、业务素质和身体素质等方面综合考虑，全面控制。

二、材料质量控制

（一）材料质量控制的要点

1. 订货前的控制

（1）掌握材料质量、价格、供货能力的信息，选择好的供货厂家，就可获得质量好、价格低的材料资源。从而就可确保工程质量，降低工程造价。为此，对主要材料、设备及构配件，在订货前。必须要求承包单位申报，经监理工程师论证同意后，方可订货。

（2）对主要装饰材料及建筑配件，应在订货前要求厂家提供样品或看样订货；主要设备订货时，要审核设备清单，看其是否符合设计要求。

（3）监理工程师协助承包单位合理、科学地组织材料采购、加工、储备、运输，建立严密的计划、调度、管理体系，加快材料的周转，减少材料的占用量，按质、按量、如期地满足建设要求。

2. 订货后的控制

（1）对永久工程的主要材料，进场时必须要具备正式的出厂合格证和材质化验单。如果不具备或是对检验证明有怀疑，则应补做检验。

（2）工程中所有构件。必须具有厂家批号和出厂合格证。预制钢筋混凝土或预应力钢筋混凝土构件，应当按规定的方法进行抽样检验。运输、安装等原因引起的构件质量问题，应分析研究，经鉴定处理后方能使用。

（3）凡标志不清或认为质量有问题的材料、对质量保证资料有怀疑或与合同规定不符的一般材料、由工程重要程度决定应进行一定比例试验的材料、需要进行追踪检验以控制和保证其质量的材料等，均应进行抽检。对于进口的材料设备和重要工程或关键施工部位所用的材料，则应全部进行检验。

（4）材料质量抽样和检验的方法，要能反映该批材料的质量性能。对于重要构件或非匀质的材料，还应酌情增加抽样的数量。

（5）对进口材料、设备，应会同商检局检验，如核对凭证时出现问题，应该取得供方和商检人员签署的商务记录，按期提出赔偿。

（6）对高压电缆、电压绝缘材料，要进行耐压试验。

3. 现场配制材料的控制

在现场配制的材料，如混凝土、砂浆、防水材料、防腐材料、保温材料等的配合比应先提出试配要求，经试验检验合格后才能使用。

4. 现场使用材料的控制

（1）对材料性能、质量标准、适用范围和施工要求必须充分了解，以便慎重选择和使用材料。

（2）合理地组织材料使用，减少材料的损失，正确按定额计量使用材料，加强运输、仓库、保管工作，加强材料限额管理和发放工作。健全现场管理制度，避免材料损失、变质，确保材料质量。

（3）凡用于重要结构、部位的材料。使用时必须仔细地核对，检查材料的品种、规格、型号、性能有无错误，是否符合工程特点和满足设计要求。

（4）新材料应用前，必须通过试验和鉴定；代用材料必须通过计算和充分地论证，并要符合结构的要求。

（5）要针对工程特点，根据材料的性能、质量标准、适用范围和对施工要求等方面进行综合考虑，慎重选择和使用材料。

（二）材料质量控制的内容

1. 掌握材料质量标准

材料质量标准是用以衡量材料质量的尺度，也是验收、检验材料质量的依据。不同的材料有不同的质量标准，如水泥的质量标准有细度、标准稠度用水量、凝结时间、强度和体积安定性等。掌控材料的质量标准，以便于可靠地控制材料和工程的质量。

2. 材料质量的检验

（1）材料质量检验的目的

材料质量检验的目的，是通过一系列的检测手段，将所取得的材料数据与材料的质量标准相对比，借以判断材料质量的可靠性，决定其能否使用于工程中，同时还有利于掌握材料信息。

（2）材料质量的检验方法

材料质量检验方法有书面检验法、外观检验法、理化检验法和无损检验法等四种：

1）书面检验法是通过对提供的材料质量保证资料、试验报告等进行审核，取得认可方能使用的方法。

2）外观检验法是对材料从品种、规格、标志、外形尺寸等方面进行直观检查，看其有无质量问题的方法。

3）理化检验法是借助试验设备和仪器对材料样品的化学成分、机械性能等进行科学的鉴定的方法。

4）无损检验法是在不破坏材料样品的前提下，利用 X 射线、超声波、表面探伤仪等进行检测的方法。

3. 材料质量检验程度

根据材料信息和保证资料的具体情况，其质量检验程度分为免检，抽检和全部检验三种：

（1）免检：免去质量检验过程。对有足够质量保证的一般材料，以及实践证明质量长期稳定可靠，且质量保证资料齐全的材料，可给予免检。

（2）抽检：按随机抽样的方法对材料进行抽样检验。对材料的性能不清楚，或对质量保证资料有怀疑，或对成批生产的构配件，均应按一定比例进行抽样检验。

（3）全部检验：凡进口的材料、设备和重要工程部位的材料，以及贵重的材料，应进行全部检验，以确保材料和工程质量。

4. 材料质量检验项目

材料质量的检验项目分为一般试验项目和其他试验项目。一般试验项目为通常进行的试验项目；其他试验项目为根据需要进行的试验项目。如水泥一般要进行标准稠度、凝结时间、抗压和抗折强度检验；若是小厂生产的水泥，通常由于安定性不好，则还应进行安定性检验。

5. 材料质量检验的取样

材料质量检验的取样必须有代表性，即所采取样品的质量应能代表该批材料的质量。在采样时必须按规定的部位，数量及采选的操作要求进行。

三、施工方案控制

施工方案的正确与否，是直接影响工程项目的进度、质量和投资三大目标能否顺利实现的关键。往往由于施工方案考虑不周而拖缓进度，进而影响质量增加投资。为此，监理工程师在审核施工方案时。必须结合工程实际，从技术、组织、管理、工艺、操作、经济等方面进行全面分析和综合考虑，力求方案技术可行、经济合理、工艺先进、措施得力、操作方便，有利于提高质量、加快进度、降低成本。

四、施工机械设备控制

从保证项目施工质量角度出发，监理工程师应从机械设备的选型、机械设备的主要性能参数和机械设备的使用操作要求等三方面予以控制。在项目施工阶段，监理工程师必须综合考虑施工现场条件、建筑结构型式、机械设备性能、施工工艺和方法、施工组织管理、建筑技术经济等各种因素，审核承包单位机械化施工方案。

1. 机械设备的选型

机械设备的选型，应按照技术上先进、经济上合理、生活上适用、性能上可靠、使用上安全、操作上方便和维修上方便等原则。彻底贯彻并执行机械化、半机械化与改良工具相结合的方针，突出机械与施工相结合的特色，使其具有工程的适用性，具有保证工程质量的可靠性，具有适用操作的方便性和安全性。

2. 机械设备的主要性能参数

机械设备的主要性能参数是选择机械设备的依据，要能满足施工需要和保证质量的要求。

3. 机械设备的适用、操作要求

合理适用机械设备，正确地进行操作，是保证项目施工质量的重要环节，应贯彻"人机固定"的原则，实行定机、定人、定岗位责任的"三定"制度。操作人员必须认真执行各项规章制度，严格遵守操作规程。防止出现安全质量事故。

五、环境因素控制

影响项目质量的施工环境因素较多，主要有技术环境、施工管理环境及自然环境。技术环境因素包括施工所用的规程、规范、设计图纸及质量评定标准。施工管理环境因素包括质量保证体系、三检制度、质量管理制度、质量签证制度和质量奖惩制度等。

自然环境因素包括工程地质、水文、气象和温度等。

上述环境因素对施工质量的影响具有复杂而又多变的特点，尤其是在某些环境下更是如此。如气象条件就是千变万化的，温度、大风、暴雨、酷暑、严寒等均影响到施工质量。为此，监理工程师要根据工程特点和具体条件，应当采取有效的措施，严格控制影响质量的环境因素，确保工程项目质量。

第三节　水利工程质量控制方法

一、施工阶段质量控制方法

施工阶段质量检查的主要方法有以下几种：

1. 旁站

监理人员按照监理合同约定，应该在施工现场对工程项目的重要部位和关键工序的施工，实施连续性的全过程检查、监督与管理。旁站是监理人员的一种主要现场检查形式。对容易产生缺陷的部位及隐蔽工程尤其应该加强旁站管理。

在旁站检查中，监理人员必须检查承包商在施工中所用的设备、材料及混合料是否与已批准的配比相符，检查是否按技术规范和批准的施工方案、施工工艺进行施工，注意及时发现问题和解决问题，制止错误的施工方法和手段，尽早避免事故的发生。

2. 检验

（1）巡视检验：监理人员对所监理的工程项目进行的定期或不定期的检查、监督和管理。

（2）跟踪检测：在承包人进行试样检测前，监理人员对其检测人员、仪器设备及拟定的检测程序和方法进行审核；在承包人对试样进行检测时，实施全过程的监督、确认其程序、方法的有效性以及检测结果的可信性，并对结果进行确认。跟踪检测的检测数量，对于混凝土试样，不应少于承包人检测数量的 7%；对于土方试样，不应少于承包人检测数量的 10%。

（3）平行检测：监理人员在承包人对试样自行检测的同时，应该独立抽样进行的检测，核验承包人的检测结果，平行检测的检测数量，对于混凝土试样，不应该少于承包人检测数量的 3%. 重要部位每种标号的混凝土至少取样一组；对于土方试样，不应少于承包人检测数量的 5%，重要部位至少取样三组。

跟踪检测和平行检测工作都应由具有国家规定资质条件的检测机构承担。平行检测费用由发包人承担。

3. 测量

测量是对建筑物的几何尺寸进行控制的重要手段之一。开工前，承包人要进行施工放样，监理人员要对施工放样及高程控制进行严格检查，对于不合格者不准开工。对模板工程，已完工程的几何尺寸、高程、宽度、厚度、坡度等质量指标，按规范要求进行测量验收，不符合要求的要进行修整，无法修整的进行返工。承包人的测量记录，均要事先经监理人员审核签字后才能使用。

4. 现场记录和发布文件

监理人员应认真、完整记录每日施工现场的人员、设备、材料和天气施工环境以及施工中出现的各种情况，作为处理施工过程中合同问题的依据，并且通过发布通知、指示、批复、签认等文件形式进行施工全过程的控制和管理。

二、施工阶段质量控制程序

1. 合同项目质量控制程序

（1）监理机构应在施工合同约定的期限内，经发包人同意后向承包人发出进场通知，要求承包人按约定及时调遣人员和施工设备、材料进场，进行施工准备。进场通知中应明确合同工期起算日期。

（2）监理机构应协助发包人向承包人移交施工合同约定应由发包人提供的施工用地、道路、测量基准点，以及供水、供电、通信设施等开工的必要条件。

（3）承包人完成开工准备后，应向监理机构提交开工申请。监理机构在检查发包人和承包人的施工准备满足开工条件后，签发开工令。

（4）由于承包人原因使工程未能按施工合同开工的，监理机构应通知承包人在约定时间内提交赶工措施报告并说明延误开工原因。由此增加的费用和工期延误造成的损失由承包人承担。

（5）由于发包人原因使工程没有未能按施工合同约定时间开工的，监理机构在收到承包人提出的顺延工期的要求后，应该立即与发包人和承包人共同协商补救办法。由此增加的费用和工期延误造成的损失由发包人承担。

2. 单位工程质量控制程序

对于单位工程，监理机构应审批每一个单位工程的开工申请，熟悉图纸，审核承包人提交的施工组织设计、技术措施等，确认后签发开工通知。

3. 分部工程质量控制程序

监理机构应审批承包人报送的每一分部工程开工申请，市核承包人递交的施工措施计划，检查该分部工程的开工条件，确认后签发分部工程开工通知。

第四节　施工工序的质量控制

工程质量是在施工过程中形成的，不是检验出来的。工程项目的施工过程是由一系列相互关联和相互制约的工序所构成的。工序质量是基础，直接会影响工程项目的整体质量。要控制工程项目施工过程的质量，首先必须加强工序质量控制。

一、工序质量控制的内容

进行工序质量控制时，应着重进行以下四方面的工作。

1. 严格遵守工艺规程

施工工艺和操作规程，是进行施工操作的依据和法规，是确保工序质量的前提，任何人都必须遵守，不得违反。

2. 主动控制工序活动条件的质量

工序活动条件包括的内容有很多，主要指影响质量的五大因素，即施工操作者、材料、施工机械设备、施工方法和施工环境。只要将这些因素切实有效地控制起来，使它们处于被控状态，才能保证工序产品的质量，和每道工序的正常和稳定运行。

3. 及时检验工序活动效果的质量

工序活动效果是评价工序质量是否符合标准的尺度。为此，必须加强质量检验工作，对质量状态进行综合统计与分析，及时掌握质量动态，对发现的质量问题，应及时处理。

4. 设置质量控制点

质量控制点是指为了保证作业过程质量而预先确定的重点控制对象、关键部位或薄弱环节。设置控制点以便在一定时期内、一定条件下进行强化管理，使工序处于良好的控制状态。

二、工序分析

工序分析的任务就是找出对工序的关键或是重要的质量特性起着支配作用的那些要素的全部活动，以便能在工序施工中针对这些主要因素制定控制措施以及标准，进行主动的、预防性地重点控制，严格把关。工序分析一般可按以下步骤进行。

1. 选定分析对象、分析可能的影响因素，找出支配性要素。具体包括以下工作：

（1）选定的分析对象可以是重要的、关键的工序，或者是根据过去的资料认为是经常发生问题的工序。

（2）掌握特定工序的现状和问题、达到质量的目标。

（3）分析影响工序质量的因素，明确支配性要素。

2. 针对支配性要素，拟定对策计划，并加以实施。

3. 将核实的支配性要素编入工序质量控制表。

4. 对支配性要素落实责任，实施重点管理。

三、质量控制点的设置

设置质量控制点是保证达到施工质量要求的必要前提，监理人员在报订质量控制工作计划时，应予以详细考虑，并以制度来保证落实；对于质量控制点，需要事先分析可能会造成质量问题的原因，再针对原因制定对策和措施进行预控。

（一）质量控制点的设置步骤

承包人应在提交的施工措施计划中，根据自身的特点确定质量控制点，通过监理人员审核后，还要针对每个质量控制点进行控制措施的设计，主要步骤和内容如下：

1. 列出质量控制点明细表。

2. 设计质量控制点施工流程图。

3. 进行工序分析，找出影响质量的主要因素。

4. 制定工序质量表，对上述主要因素规定出明确的控制范围和控制要求。

5. 编制保证质量的作业指导书。

承包人对质量控制点的控制措施设计完成后，经监理人员审核批准后方可实施。

（二）质量控制点的设置对象

监理人员应督促施工承包人在施工前全面、合理合归地选择质量控制点，并且对施工承包人设置质量控制点的情况及拟采取的控制措施进行审核。必要时，应对施工承包人的质量控制实施过程进行跟踪检查或旁站监督，以确保质量控制点的实施。

承包人在工程施工前应根据施工过程质量控制的要求、工程性质和特点及自身的特点，列出质量控制点明细表，表中应详细地列出各质量控制点的名称或控制内容、检验标准及方法等，提交监理人员审查批准后，在此基础上实施质量预控。

需要设置质量控制点的对象主要包括：

1. 人的行为，某些工序或操作重点应控制人的行为，避免人的失误造成质量问题，如对高空作业、水下作业、爆破作业等危险作业。

2. 材料的质量和性能。材料的质量和性能是直接影响工程质量的主要因素，尤其是某些工序，更应将材料的质量和性能作为控制的重点，如预应力钢筋的加工，就对钢筋的弹性模量、含硫量等有较严格的要求。

3. 关键的操作。

4. 施工顺序。对有些工序或是操作，必须严格规定互相之间的先后顺序。

5. 技术参数。有些技术参数与质量密切相关，亦必须严格控制。如外加剂的掺量．混凝土的水灰比等。

6. 常见的质量通病。常见的质量通病如混凝土出现起砂、蜂窝、麻面、裂缝等现象都与工序中质量控制不严格有关，应事先制定好对策，采取预防措施。

7. 新工艺、新技术、新材料的应用。当新工艺、新技术、新材料虽已通过鉴定、试验，但是施工操作人员缺乏经验，又是初次施工时。必须对其工序进行严格控制。

8. 质量不稳定、质量问题较多的工序。通过质量数据统计，质量波动、不合格率较高的工序，也应作为质量控制点设置。

9. 特殊地基和特种结构。对于湿陷性黄土、膨胀性红黏土等特殊地基的处理，以及大跨度结构、高耸结构等技术难度大的施工环节和重要地方，更应特别控制。

10. 关键工序。如钢筋混凝土工程的混凝土振捣，灌注桩的钻孔、隧洞开挖的钻孔布置、方向、深度、用药量和填塞等。

质量控制点的设置要准确有效。因此选择哪些对象作为控制点，这需要由有经验的质量控制人员通过对工程性质和特点、自身特点及施工过程的要求充分进行分析后进行选择。

（三）两类质量控制点

从理论上讲，或在工程实践中，要求监理人员对施工全过程的所有施工工序和环节，都能实施检验，以保证施工的质量。然而，在实际中难以做到这一点，为此，监理人员应督促施工承包人在施工前全面、合理地选择质量控制点。根据质量控制点的重要程度及监督控制要求不同，将质量控制点区分为质量检验见证点和质量检验待检点。

1. 质量检验见证点

承包人在施工过程中达到这一类质量控制点时，应事先书面通知监理人员到现场见证，观察和检查承包人的实施过程。在监理人员接到通知后未能在约定时间到场的情况下，承包人有权继续施工。

例如：在建筑材料生产时，承包人应事先书面通知监理人员对采石场的采石筛分进行见证。当生产全过程的质量较为稳定时，监理人员可以到场，也可以不到场见证。承包人在监理人员不到场的情况下可以继续生产，但需做好详细的施工记录供监理人员随时检查。在混凝土生产过程中，监理人员不一定对每次拌和都到场检验混凝土的温度、坍落度、配合比等指标，而可以由承包人自行取样，并做好详细的检验记录，供监理人员检查。然而，在混凝土标号改变或发现质量不稳定时，监理人员可以要求承包人事先书面通知监理人员到场检查，否则不得开拌。此时，这种质量控制点就成了质量检验待检点。

质量检验见证点的实施程序如下：

（1）施工或安装承包人在到达这一类质量控制点（质量检验见证点）之前 24 小时，书面通知监理人员，说明何日何时到达该质量检验见证点，要求监理人员届时到现场见证。

（2）监理人员应注明他收到见证通知的日期并且签字。

（3）如果在约定的见证时间监理人员未能到场见证，承包人有权进行该项施工或安装施工。

（4）如果在此之前，监理人员对现场进行检查，并写明他的意见。则承包人在监理人员意见的旁边，应写明他根据上述意见已经采取的改正行动，或者他所可能有的某些具体意见。监理人员到场见证时，应仔细观察，检查该质量控制点的实施过程，并在见证表上详细记录。说明见证的建筑物名称、部位、工作内容、工时、质量等情况，并签字。该见证表还可用作承包人进度款支付申请的凭证之一。

2. 质量检验待检点

对于某些更为重要的质量控制点。必须要在监理人员到场监督、检查的情况下承包人才能进行检验，这种质量控制点称为质量检验待检点。

例如，在混凝土工程中，由基础面或混凝土施工缝处理，模板、钢筋、止水、伸缩缝和坝体排水管安装及混凝土浇筑等工序构成混凝土单元工程，其中每一道工序都应由监理人员进行检查认证，每一道工序检验合格才能进入下一道工序。根据承包人以往的施工情况，有的可能会在模板架立上容易发生漏浆或模板走样事故，有的可能在混凝土浇筑方面经常出现问题。此时，就可以选择模板架立或混凝土浇筑作为质量检验待检点，承包人必须事先书面通知监理人员，并且在监理人员到场进行检查监督的情况下，才能进行施工。

当然，从广义上讲，隐蔽工程覆盖前的验收和混凝土工程开仓前的检验，也可以认为是质量检验待检点。

质量检验待检点和质量检验见证点执行程序的不同，就在于步骤，即如果在到达质量检验待检点时，监理人员未能到场，承包人不得进行该项工作，事后监理人员应说明未能到场的原因，然后双方约定新的检查时间。

质量检验见证点和质量检验待检点的设置，是监理人员对工程质量进行检验的一种行之有效的方法。这些质量控制点应根据承包人的施工技术力量、工程经验、具体的施工条件、环境、材料和机械等各种因素的情况来选定。各承包人的这些因素不同，质量检验见证点或质量检验待检点也就不同。有些质量控制点在施工初期当承包人对施工还不太熟悉、质量还不稳定时可以定为质量检验待检点，而当施工承包人已熟练地掌握施工过程的内在规律、工程质量较稳定时，又可以改为质量检验见证点。某些质量控制点，对于这个承包人可能是质量检验待检点，而对于另一个承包人可能是质量检验见证点。

四、工序质量的检查

1. 承包人的自检

承包人是施工质量的直接实施者和责任者。监理工程师的质量监督与控制目的就是使承包单位建立起完善的质量自检体系并运转有效。

承包人应在施工场地设置专门的质量检查机构，配备专职质量检查人员，建立完善的质量检查制度。承包人应按照技术标准和要求（合同技术条款）约定的内容和期限，编制工程质量保证措施文件。包括质量检查机构的组织和岗位责任、质量检查人员的组成、质量检查程序和实施细则等，提交监理人员审批。监理人员应在技术标准和要求（合同技术条款）约定的期限内批复承包人。

承包人完善的自检体系是其承包人质量保证体系的重要组成部分，承包人各级质检人员应按照承包人质量保证体系所规定的制度。按班组值班检验人员专职质检员逐级进行质量自检，保证生产过程中质量合格，发现缺陷及时纠正和返工。把事故消灭在萌芽状态；监理人员应随时随地监督检查，保证承包人质量保证体系的正常运作，这是施工质量得到保证的重要条件。承包人应按合同约定对材料、工程设备及工程的所有部位和施工工艺进行全过程的质量检查和检验，并做好详细记录，编制工程质量报表，报送监理人员审查。

2. 监理人员的检查

监理人员的质量检查，是对承包人施工质量的复核与确认，监理人员的检查绝不能代替承包人的自检，并且，监理人员的检查必须是在承包人自检并确认合格的基础上进行的。专职质检员没有检查或检查不合格不能报监理工程师，不符合上述规定，监理工程师一律拒绝进行检查。监理人员的检查，不免除承包人按合同约定应负的责任。

第五节　工程质量事故分析处理程序与方法

工程质量事故分析与处理的主要目的是：正确分析和妥善处理所发生的事故原因，创造正常的施工条件；确保建筑物构筑物的安全使用，减少事故的损失；总结经验教训，预防事故发生，区分事故责任；了解结构的实际工作状态，为正确选择结构计算简图、构建设计，修订规范、规程和有关技术措施提供依据。

一、质量事故分析的重要性

质量事故分析的重要性表现在：

1. 避免事故的恶化。例如，在施工中发现现浇的混凝土梁强度不足，就应该引起重视，如尚未拆模。则应考虑何时拆模，拆模时应采取何种补救措施。又如，在坝基开挖中，如果发现钻孔已进入坝基保护层，此时就应注意到。按照这种情况装药爆破对坝基质量的影响，同时及早采取适当的补救措施。

2. 创造正常的施工条件。如发现金属结构预埋件偏位较大。影响了后续工程的施工，则必须及时分析与处理后，方可继续施工，以保证工程质量。

3. 排除隐患。例如，在坝基开挖中，由于保护层开挖方法不当↓设计开挖面岩层较破碎，给坝的稳定性留下隐患。发现这些问题后，应进行详细的分析，查明原因，并采取适当的措施，以及时排除这些隐患。

4. 总结经验教训。预防事故再次发生。例如，大体积混凝土施工中，出现深层裂缝是较普遍的质量事故，就应及时总结经验教训，杜绝这类事故的发生。

5. 减少损失。对质量事故进行及时的分析，可以防止事故的恶化。及时地创造正常的施工秩序，并排除隐患以减少损失。此外，正确分析事故，找准事故的原因，可为合理地处理事故提供重要依据，达到尽量减少事故损失的目的。

二、质量事故处理对发包人和承包人的要求

1. 发包人负责组织参建单位制定本工程的质量与安全事故应急预案，成立质量与安全事故应急处理指挥部。

2. 承包人应对施工现场易发生重大事故的部位，环节进行监控，配备救援器材和设备，并定期组织演练。

3. 工程开工前，承包人应根据本工程的特点制定施工现场施工质量与安全事故应急预案，并报发包人备案。

4. 施工过程中发生事故时，发包人、承包人应迅速启动应急预案。

5. 事故调查处理由发包人按相关规定履行手续。

三、质量事故分析处理程序

1. 下达停工指示

事故发生（发现）后，总监理工程师首先向施工单位下达停工通知。事故发生（发现）后，施工单位要严格保护现场，采取有效措施抢救人员和财产，防止事故扩大。因抢救人员、疏导交通等原因需移动现场物件时，应当做出标志，绘制现场简图，并作出书面记录。妥善保管现场重要痕迹和物证，并进行拍照或录像。发生（发现）较大、重大和特大质量事故时，事故单位要在24小时内向有关单位写出书面报告；发生突发性事故，事故单位要在4小时内电话报告有关单位。发生质量事故后，项目法人必须将事故的简要情况向项目主管部门报告。项目主管部门接到事故报告后，按照管理权限向上级水行政主管部门报告。一般质量事故向项目主管部门报告。较大质量事故逐级向省级水行政主管部门或流域机构报告。重大质量事故逐级向省级水行政主管部门或流域机构报告并抄报水利部。特大质量事故逐级向水利部和有关部门报告。

事故报告应当包括以下内容：

（1）工程名称、建设规模、建设地点、工期，项目法人、主管部门及负责人电话；

（2）事故发生的时间、地点、工程部位及相关的参建单位名称；

（3）事故发生的简要经过、伤亡人数和直接经济损失的初步估计；

（4）事故发生原因初步分析；

（5）事故发生后采取的措施及事故控制情况；

（6）事故报告单位、负责人及联系方式。

有关单位接到事故报告后，必须采取有效措施。防止事故扩大，并立即按照管理权限向上级部门报告或组织事故调查。

2. 事故调查

发生质量事故，要按照规定的管理权限组织调查组进行调查。查明事故原因，提出处

理意见，提交事故的调查报告。

一般事故由项目法人组织设计、施工、监理等单位进行调查，调查结果向项目主管部门核备。

较大质量事故由项目主管部门组织调查组进行调查，调查结果报上级主管部门批准并报省级水行政主管部门核备。

重大质量事故由省级以上水行政主管部门组织调查组进行调查，调查结果报水利部核备。特大质量事故由水利部组织调查。

事故调查组的主要任务如下：

（1）查明事故发生的原因、过程、财产损失状况和对后续工程的影响；

（2）组织专家进行技术鉴定；

（3）查明事故的责任单位和主要责任者应该承担的责任；

（4）提出工程处理和采取措施的建议和意见；

（5）提出对责任单位和责任者的处理建议和意见；

（6）提交事故调查报告。

事故调查组提交的调查报告经主持单位同意后，调查工作即告结束。

3. 事故处理

发生质量事故必须针对事故原因提出工程处理方案，经有关单位审定后实施。一般质量事故。由项目法人负责组织有关单位制定处理方案并实行，报上级主管部门备案。

较大质量事故，由项目法人负责组织有关单位制定处理方案，经上级主管部门审查实施，报省级水行政主管部门或流域机构备案。

重大质量事故，由项目法人负责组织有关单位提出处理方案，征得事故调查组意见后，报省级水行政主管部门或流域机构审定后实施。

特大质量事故，由项目法人负责组织有关单位提出处理方案，征得事故调查组意见后，报省级水行政主管部门或流域机构审定后实施。并报水利部备案。

事故处理需要进行设计变更的，需原设计单位或有资质的设计单位提出设计变更方案。雷要进行重大设计变更的，必须要经原设计审批部门审定后实施。

4. 检查验收

事故部位处理完成后，必须按照管理权限经过质量评定与验收，方可投入使用或进入下一阶段施工。

5. 下达复工通知

事故处理经过评定和验收后，总监理工程师下达复工通知。

四、质量事故处理的依据和原则

1. 质量事故处理的依据

进行工程质量事故处理的主要依据有：质量事故的真实资料；具有法律效力的、得到有关当事各方认可的工程承包合同、设计委托合同、材料或设备购销合同及监理合同或分包合同等合同文件；有关的技术文件、档案；相关的建设法律法规。

在这四方面依据中，前三种是与特定的工程项目密切相关的具有特定性质的依据。第四种法规性依据，是具有很高权威性、约束性、通用性和普遍性的依据，因而它在质量事故的处理事务中，也具有极其重要的作用。

2. 质量事故处理的原则

因质量事故造成人身伤亡的，还应遵守国家和水利部伤亡事故处理的有关规定。

发生质量事故，必须坚持事故原因不查清楚不放过、主要事故责任者和职工未受到教育不放过、补救和防范措施不落实不放过等"三不放过"原则，认真调查事故起因，研究处理措施，查明事故责任，做好相关事故处理工作。由质量事故而造成的损失费用，坚持谁该承担事故责任，由谁负责的原则。质量事故的责任者大致为：施工承包人；设计单位；监理单位；发包人。施工质量事故若是施工承包人的责任引起的，则事故分析和处理中发生的费用完全由施工承包人自己负责。施工质量事故责任者若非是施工承包人，则需要质量事故分析和处理中发生的费用不能由施工承包人承担，且施工承包人可向发包人提出索赔。若是设计单位或监理单位的责任，则应按照设计合同或监理委托合同的有关条款，对责任者按情况给予必要的处理事故调查费用暂由项目法人垫付，待查清责任后，由责任方偿还。

五、质量事故处理方案的确定

1. 修补处理

这是最常见的一类处理方案。通常当工程的某个检验批、分项或是分部的质量虽未达到规定的规范标准或设计要求，存在一定缺陷。但通过修补或更换器具、设备后还可达到要求的标准，又不影响使用功能和外观要求时，可以进行修补处理。

修补处理的具体方案很多，诸如封闭保护，复位纠偏、结构补强，表面处理等。某些混凝土结构表面的蜂窝、麻面，经调查分析，可进行剔凿、抹灰等表面处理，一般不会影响其使用和外观。

较严重的质量问题，可能影响结构的安全性和使用功能的，必须按一定的技术方案进行加固补强处理。这样常常会造成一些永久性缺陷，如改变结构外形尺寸，影响一些次要的使用功能等。

2. 返工处理

在工程质量未达到规定的标准和要求，存在的严重质量问题，对结构的使用和安全构成重大影响。并且又无法通过修补处理的情况下，可对检验批、分项、分部甚至于对整个工程返工处理。例如，某防洪堤坝填筑压实后，其压实土的干密度未达到规定值，经核算将影响土体的稳定性且不满足抗渗能力要求，可挖除不合格土，重新填筑，进行返工处理。对某些存在严重质量缺陷，且无法采用加固补强等修补处理或修补处理费用比原工程造价还高的工程，应进行整体拆除，全面返工。

3. 施工项目的质量问题

施工项目的质量问题并非都要处理，即使有些质量缺陷，且已超出了设计要求，也可以针对工程的具体情况，通过分析论证，做出无须处理的结论。总之，对质量问题的处理要实事求是，既不能掩饰，也不能扩大，以免造成不必要的经济损失和延误工期。

无须处理的质量问题常有以下几种情况：

（1）不影响结构安全、生产工艺和使用要求的。例如，有的建筑物在施工中出现了错位，若要纠正，困难较大，或会将造成重大的经济损失。经分析论证，只要不影响工艺和使用要求，可以不做相关处理。

（2）检验中的质量问题，经论证后可不做处理的。例如，混凝土试块强度偏低，而实际混凝土强度经测试论证已达到要求，就可不做处理。

（3）某些轻微的质量缺陷，通过后续工序可以弥补的。例如，混凝土出现了轻微的蜂窝和麻面，而该缺陷可通过后续工序抹灰，喷涂刷白等进行弥补，则不需对墙板的缺陷进行处理。

（4）对出现的质量问题，经复核验算，仍能满足设计要求的。例如，结构断面被削弱后，仍能满足设计的承载能力。但这种做法实际上在挖掘设计的潜力，因此需要特别慎重。

六、质量问题处理的鉴定

质量问题处理是否达到预期的目的，是否留有隐患，需要通过检查验收来得出结论。

事故处理后的质量检查验收，必须严格按施工验收规范中有关规定进行；必要时，还要通过实测、实量、荷载试验。取样试压仪表检测等方法来获取可靠的数据。这样，才可能对事故做出明确的处理结论。

事故处理结论的内容有以下几种：

1. 事故已经排除，可以继续施工；

2. 隐患已经消除，结构安全可靠；

3. 经修补处理后，完全满足使用要求；

4. 基本满足使用要求，但附有限制条件，如限制使用荷载，限制使用条件等；

5. 对耐久性影响的结论；

6. 对建筑外观影响的结论;

7. 对事故责任的结论等。

此外, 对一时难以得出结论的事故, 还应进一步提出观测检查的要求。

事故处理后, 还必须提交完整的事故处理报告, 其内容包括: 事故调查的原始资料, 测试数据、事故的原因分析和论证; 事故处理的依据和事故处理方案、方法以及技术措施; 检查验收记录; 事故处理的情况, 以及事故处理结论等。

第六节　水利工程建设项目验收管理

一、概述

水利工程建设项目大多以社会效益为主, 主要使用政府投资建设, 直接涉及公共安全和公共利益, 必须加强政府的监督管理。水利工程建设项目验收是政府依法设立的基本建设程序的重要环节之一, 是保证工程建设质量、安全和投资效益的重要措施。水利工程验收工作也存在一些突出的问题, 主要表现在: 一是验收主题不够明确, 特别是由政府主持的各类验收, 验收主持单位往往是工程完工后临时研究确定的, 通常不利于对工程建设全工程实施监督管理, 验收质量有待提高。二是验收相关单位和人员的验收责任不够明确, 验收出现问题时难以落实责任追究制度, 因此为了加强水利工程建设项目验收管理, 明确验收责任, 规范验收行为, 结合水利工程建设项目的特点, 对验收工作中涉及行政管理的相关内容做出具体规定, 有利于规范基本建设程序, 强化政府监督职能, 明确管理职责, 保证工程建设质量, 充分发挥投资效益。

二、水利工程建设项目验收监督管理职责

1. 水利部负责全国水利工程建设项目验收的监督管理工作。

2. 水利部所属流域管理机构按照水利部授权, 负责流域内水利工程建设项目验收的监督管理工作。

3. 县级以上地方人民政府水行政主管部门按照规定责任负责本行政区城内水利工程建设项目验收的监督管理工作。

法人验收监督管理机关对项目的法人验收工作实施监督管理。由水行政主管部门或者流域管理机构组建项目法人的, 该水行政主管部门或者流域管理机构是本项目的法人验收监督管理机关: 由地方人民政府组建项目法人的, 该地方人民政府水行政主管部门是本项目的法人验收监督管理机关。

三、水利工程建设项目验收类别

水利工程建设项目验收，按验收主持单位性质不同可分为法人验收和政府验收两类，法人验收是指在项目建设过程中由项目法人（包括实行代建制项目中，经项目法人委托的项目代建机构）组织进行的验收。法人验收是政府验收的基础。政府验收是指由相关人民政府水行政主管部门或者其他有关部门组织进行的验收。包括专项验收、阶段验收和竣工验收。水利工程建设项目具备验收条件时，应该当及时组织验收。未经验收或者验收不合格的，不得交付使用或者进行后续工程施工（水利工程建设项目验收应当具备的条件、验收程序、验收主要工作及有关资料和成果性文件等具体要求，应按照有关验收规程执行）。

四、水利工程建设项目验收的依据

水利工程建设项目验收的依据是：

1. 国家有关法律、法规、政策和技术标准；

2. 有关主管部门的规定；

3. 经批准的设计文件以及相应的工程变更文件；

4. 经批准的工程立项文件、初步设计文件、调整概算文件；

5. 施工图纸及主要设备技术说明书。

需要说明的是，当项目法人验收时，除了依据上述规定以外，还应当以施工合同为验收依据组织验收。

五、水利工程建设项目法人验收

法人验收包括工程建设完成分部工程、单位工程、单项合同工程和中间机组启动验收等。项目法人可以根据工程建设的需要增设法人验收的环节。

项目法人应当在开工报告批准后 60 个工作日内，制订法人验收工作计划，报法人验收监督管理机构和竣工验收主持单位备案。

施工单位在完成相应工程后，应当向项目法人提出验收申请。项目法人经检查认为建设项目具备相应的验收条件的应当及时组织验收。

分部工程验收的质量结论应当报该项目的质量监督机构核备；未经核备的，项目法人不得组织下一阶段的验收。

单位工程及大型的枢纽主要建筑物的分部工程验收的质量结论应当报该项目的质量监督机构核定；未经核定的，项目法人不得通过法人验收；核定不合格的，项目法人应当重新组织验收。质量监督机构应当自收到核定材料之日起 20 个工作日内完成核定。

项目法人验收工作组由项目法人、设计、施工、监理等单位的代表组成；必要时可以邀请工程运行管理单位等参建单位以外的代表及专家参加。法人验收由项目法人主持。项目法人可以委托给相关监理单位主持分部工程验收。相关委托权限应当在监理合同或者委托书中明确。项目法人应当自法人验收通过之日起 30 个工作日内，制作法人验收鉴定书，发送参加验收单位并报送法人验收监督管理机关备案。法人验收鉴定书是政府验收的备查资料。单位工程投入使用验收和单项合同工程完工验收通过后，项目法人应当与施工单位办理工程的有关验收交接手续。

工程保修期从通过单项合同工程完工验收之日算起，保修期限按合同约定来执行。

六、水利工程建设项目政府验收

水利工程建设项目政府验收分为专项验收、阶段验收和竣工验收。

1. 专项验收

枢纽工程导（截）流、水库下闸蓄水等阶段验收前，涉及移民安置的，应当完成相关的移民安置专项验收。工程竣工验收前，应该按照国家有关规定，进行环境保护、水土保持、移民安置及工程档案等专项验收。经有关部门同意，专项验收可与竣工验收一并进行。项目法人应当自收到专项验收成果文件之日起 10 个工作日内，将专项验收成果文件报送竣工验收主持单位备案。专项验收成果文件是阶段验收或者是竣工验收成果文件的组成部分。工

2. 阶段验收

工程建设进入枢纽工程导（截）流、引（调）排水工程通水、首（末）台机组启动等关键阶段，应当组织进行阶段验收。竣工验收主持单位应当根据工程建设的实际需求，可以增设阶段验收的环节。工程参建单位是被验收单位，应当派代表参加阶段验收工作。

大型水利工程在进行阶段验收前，可以根据需要进行预验收。技术验收参照有关竣工技术预验收的规定进行。水库下闸蓄水验收前，项目法人应当按照有关规定完成蓄水安全鉴定验收主持单位应当自阶段验收通过之日起 30 个工作 8 内，制作阶段验收鉴定书，发送参加验收的单位并报送竣工验收单位备案。阶段验收鉴定书是竣工验收的备查资料。

3. 竣工验收

竣工验收应当在工程建设项目全部完成并且满足一定的运行条件后的 1 年内进行。不能按期进行竣工验收的，经过竣工主持单位许可，可以适当延长期限，但最多不得超过 6 个月。逾期仍不能进行竣工验收的，项目法人应当向竣工验收主持单位提交专题报告。

竣工财务决算应当由竣工验收主持单位组织审查和审计。竣工财务决算审计通过 15 日后，方可进行竣工验收。

工程具备竣工验收条件的，项目法人应当提出竣工验收申请。经法人验收监督管理机关审查后报竣工验收主持单位。竣工验收主持单位应当自收到竣工验收申请之日起 20 个工作日内决定是否同意进行竣工验收。

竣工验收原则上按照经批准的初步设计所确定的标准和内容进行。项目既有总体初步设计又有单项工程初步设计的，原则上应该按照总体初步设计的标准和内容进行。也可以先进行单项工程竣工验收，最后按照总体初步设计进行总体竣工验收。项目有总体可行性研究但没有总体初步设计而有单项工程初步设计的，原则上应按照单项工程初步设计的标准和内容进行竣工验收。建设周期长或者因故无法继续实施的项目，对已完成的部分工程可以按单项工程或者分期工程进行竣工验收。

竣工验收分为竣工技术预验收和竣工验收两个阶段，另外，还有阶段验收。

大型水利工程在竣工技术预验收前，项目法人应当按照有关规定对工程建设情况进行竣工验收技术鉴定。中型水利工程在竣工技术预验收前，竣工验收主持单位可以根据需要决定是否进行竣工验收技术鉴定。

竣工技术预验收由竣工验收主持单位及有关专家组成的技术预验收专家组负责。工程参建单位的代表应当参加技术预验收，汇报并解答有关问题。

阶段验收的验收委员会由验收主持单位、该项目的质量监督机构和安全监督机构、运行管理单位的代表及有关专家组成；必要时，可以邀请项目所在地的地方人民政府及有关部门参加。竣工验收的验收委员会由相关竣工验收主持单位、有关水行政主管部门和流域管理机构、有关地方人民政府和部门，该项目的质量监督机构和安全监督机构、工程运行管理单位的代表及有关专家组成。工程投资方代表可以参加竣工验收委员会。

阶段验收、竣工验收由竣工验收主持单位主持。竣工验收主持单位可以根据工作需要委托其他单位主持阶段验收。国家重点水利工程建设项目，竣工验收主持单位依照国家有关规定决定。在国家确定的重要江河、湖泊建设的流域控制性工程流域重大骨干工程建设项目，竣工验收主持单位为水利部。其他水利工程建设项目，竣工验收主持单位按照以下原则确定。

（1）水利部或者流域管理机构负责初步设计审批的中央项目，竣工验收主持单位为水利部或者流域管理机构。

（2）水利部负责初步设计审批的地方项目，以中央投资为主的。竣工验收主持单位为水利部或者流域管理机构，以地方投资为主的，竣工验收主持单位为省级人民政府（或者其委托的单位）或者省级人民政府水行政主管部门（或者其委托的单位）。

（3）地方负责初步设计审批的项目，竣工验收主持单位为省级人民政府水行政主管部门（或者其委托的单位）。

（4）竣工验收主持单位为水利部或者流域管理机构的，可以根据工程实际情况，会同省级人民政府或者有关部门共同主持验收。

（5）竣工验收主持单位应当在工程开工报告的批准文件中明确。

竣工验收主持单位可以根据竣工验收的要求，委托具有相应资质的工程质量检测机构对工程质量进行检测。

项目法人全面负责竣工验收前的各项准备工作，设计、施工、监理等工程参建单位应当做好相关验收准备和配合工作，派代表参加竣工验收会议，负责解答验收委员会提出的问题，并且作为被验收单位在竣工验收鉴定书上签字。竣工验收主持单位应当自竣工验收通过之日起 30 个工作日内，制作竣工验收鉴定书，并发送有关单位。竣工验收鉴定书是项目法人完成工程建设任务的凭据。

七、验收遗留问题处理与工程移交

项目法人和其他有关单位应当按照竣工验收鉴定书的要求妥善处理竣工验收遗留问题并且完成尾工。

验收遗留问题处理完毕和尾工完成并通过验收后，项目法人应当将处理情况和验收成果报送竣工验收主持单位。

工程通过竣工验收，验收遗留问题处理完毕和尾工完成并通过验收的，竣工验收主持单位向项目法人颁发工程竣工证书。

工程竣工证书格式由水利部统一制定。

项目法人与工程运行管理单位不同的，工程通过竣工验收后，应当及时办理移交手续。工程移交后，项目法人以及其他参建单位应当按照法律法规的规定和合同约定，承担后续的相关质量责任。项目法人已经撤销的，应当由撤销该项目法人的部门承接相关的责任。验收结论需要经三分之二以上验收委员会成员同意。验收委员会成员应当在验收鉴定书上签字。验收委员会成员对验收结论持有异议的，需要将保留意见在验收鉴定书上明确记载并签字。

验收中发现的问题，其处理原则由验收委员会协商决定主任委员（组长）对争议问题有裁决权。但是，半数以上验收委员会成员不同意裁决意见的，法人验收应当报请验收监督管理机关决定，政府验收应当报请竣工验收主持单位决定。

验收委员会对工程验收不予通过的，应当明确不予通过的理由并提出整改意见。有关单位应当及时组织处理有关问题，完成整改，并按照程序重新申请验收。

项目法人及其他参建单位应当提交真实、完整的验收资料，并对提交的资料负责。

八、罚则

项目法人不按时限要求组织法人验收或者不具备验收条件而组织法人验收的，由法人验收监督管理机关责令改正。

项目法人及其他参建单位提交验收资料不实实验收结论有误的，应当由提交不真实验收资料的单位承担责任。竣工验收主持单位收回验收鉴定书，对责任单位予以通报批评；造成严重后果的，依照有关法律法规处罚。

参加验收的专家在验收工作中玩忽职守。徇私舞弊的，由验收监督管理机关予以通报批评；情节严重的，取消其参加验收的资格；构成犯罪的，依法追究刑事责任。

国家机关工作人员在验收工作中玩忽职守、滥用职权和徇私舞弊，尚不构成犯罪的，依法给予相应的行政处分；构成犯罪的，要依法追究其刑事责任。

2021年中央已安排预算内水利投资810.6亿元，其中，国家水网骨干工程499.6亿元（防洪减灾工程、水资源配置工程、重大农业节水工程和水生态治理工程分别安排中央投资174.4亿元、178.3亿元、140.0亿元和6.9亿元），水安全保障工程293.0亿元，行业能力建设18.0亿元。

第八章　水利工程经济

第一节　水利经济概述

一、水利经济的重要性和必要性

水利是一切经济的命脉，是国民经济的重要基础设施，是经济社会可持续发展的重要保障，在构建和谐社会和保障经济社会可持续发展的过程中肩负着重要的使命。中华人民共和国成立以来，我国的水利事业经过半个多世纪的发展，现已初步形成了防洪、排涝、灌溉、供水、发电等完整的水利工程体系，为经济社会的发展提供了可靠保证。但我们还应当看到，洪涝灾害、干旱缺水、水污染严重、水土流失等问题，依然是社会经济全面发展的瓶颈，在构建和谐社会和树立科学发展观的进程中，全面发展水利经济是十分重要和紧迫的。

一、水利经济的特点

（一）系统性

水利经济是一个复杂的经济学系统，涉及经济学中的供给、需求与市场、市场与政府的关系，同时包括资源环境经济学、可持续发展经济学等。

（二）稀缺性

根据相关资料报告，中国的水资源总量为 25330 亿 /m^3。其中，北方水资源总量为 4761 亿 /m^3，占全国的 18.8%；南方水资源总量为 20569 亿 /m^3，占全国的 81.2%。世界人均水资源量为 6918m^3/ 人，中国为 2220m^3/ 人，只有世界人均水资源量的 1/30 水资源的季节性和地域性差别较大，我国水资源人均占有量少、时空分布不均的矛盾难以缓解，水资源供需矛盾十分突出。随着社会经济的发展，需水量持续增长，水资源短缺将长期存在。

（三）竞争性

水的问题，有自然属性，也有社会属性，水利经济是一种经济形态，作为市场经济的一个组成部分，高效、有序的竞争必不可少。这里其实是水与经济的关系。而经济发展，其承载力要有一个度。这种度的因素，运用在一起就是一个综合系统。一个流域应该有一个综合承载力。如果超过了这个承载力，就会自然地产生竞争关系，我们现在面临的挑战就是，要在开发、保护、竞争之间寻求一个平衡点。

（四）其他特性

水资源问题说到底是政治问题，政府在水利经济系统中的地位是不容忽视的。作为生态环境资源的公共水资源的特点决定了水利经济在现代市场经济中的特殊地位。特别是"十二五"期间国家对水利设施加大了投资力度，对水资源的利用和保护更加重视，这给现代水利经济的发展创造了良好的条件。

三、水利经济的组成

（一）从水资源的自然资源属性发展的水利经济

水资源的自然资源属性是指其作为生产过程的投入要素所体现的特征。自然水经过加工处理以后能成为生活消费用的饮用水、工业用水等。这些都是水资源自然资源属性的具体表现，它能够为人类生产经济价值提供效益。从这方面发展的水利经济体系主要包括水利工程、自来水供应、农田灌溉及节水工程等，其中节水技术是现代水利经济未来的重点发展领域。

（二）从水资源的资产属性发展的水利经济

水资源的资产属性是指仅仅通过水的所有权的运用便能为所有者带来经济效益所体现的特征。作为自然资源之一的水资源，其第一大经济特性就是稀缺性，其稀缺性同时包括着物质稀缺性和经济稀缺性两个方面，当一社会机构取得一定的水域所有权后，那就视为生产工具，能为所有者带来一定的经济效益。这方面主要包括水电工程、水产养殖、水运、水权价值评估与交易等。

（三）从水资源的环境资源属性发展的水利经济

水资源环境是人类社会生态环境的重要组成部分，水资源在作为资源使用过程中，由于要处理分解、净化还原、转化人类活动所产生的废弃物和其他有害影响等，这就需要使用者在利用水资源的过程中要注重对其进行保值和增值，由此产生出来的经济产业包括污水收集与处理、水环境监测与评估、水生态保护、水体净化与恢复技术等。

（四）从水资源的生态资源属性发展的水利经济

水资源还具备与人类生产生活直接相关或无关的生态功能。这部分功能表现为：水资源不仅是生命的构成要素，更是一切生命赖以生存的基本条件，包括生命系统在内的整个生态系统维持的必备要素。所有的自然生命都包含水，都需要水来维持。从水的生态资源属性发展的水利经济主要包括绿化建设、植被与恢复、湿地保持、地下水保护等。这些是生态和环境的基本要素，也是水利经济的重要生产要素。

四、现阶段如何正确发展水利经济

水利经济主要是围绕水资源的自然资源属性和资产属性来建立的经济模式，现阶段水利经济是围绕水资源的属性体系建立起来的具有可持续发展特征的经济系统。要把和水相关的因素整合成一个系统，不是靠一个个分散的部门就能够管理好的，而是要更好地发展水务一体化体系建设；强调资源整合和政府及市场调节作用。

（一）政府的作用

水资源属国家和集体所有，水务管理部门负责管理。推行水资源的使用权与市场化的原则，政府保留水资源用于生态保护的权利，行使生态保护的一切职能；制定水资源产权相关法律和规划，确定不同水域的功能；制定一般水产品和服务产业的市场动作规则。

（二）市场的作用

市场在发展水利经济过程中的主要作用有：按相关法律和规划配置水资源的使用权，由供求关系和价值规律决定水资源的供应数量和价格，市场的重要作用是调节，调节的手段主要是税收，主要有水资源费、排污收费等，它是一种广泛的调节手段，起到优化水环境保护作用，使得企业无法通过增加污染排放获得额外收益，从而达到节约减排目的，实现社会、企业、个人的和谐统一。

随着国家对水利基础产业的不断投入，水利经济作为各级基层的一个重要经济体系，一个不断发展的经济实体，它在国民经济体系中占有十分重要的位置。通过对水资源系统的特性和组成进行了粗浅的分析；随着市场经济体制的不断完善，水权及水市场理论将得到更进一步探索与实践，势必对水利经济的发展起到巨大推动作用。

（三）坚持改革的水利经济体制

过去，我国水利事业实行的是"国家投资、农民投劳、社会无偿享用"的办法，重建设，轻管理，行业贫困，队伍不稳，工程老化失修，社会效益、经济效益衰减，形成"建一处工程，背一个包袱"的非良性循环状态。因而，随着改革开放的纵深化发展与我国社会主义市场经济体制结构的不断完善，水行业存在的体制问题渐趋凸显，深层次的矛盾日益尖锐。水资源短缺、水环境恶化已经成为影响国民经济和社会发展的重要制约因素，影响着国民经济的可持续发展。造成这种状况的重要原因，就在于水利经济管理体制不顺，机制不活。因此，在新时期下，要构建水利经济协调发展体系，首先关键点就是要理顺管理体制，建立水利市场机制，利用市场关系，调整水资源配置，强化水利环境保护。继而，才能实现水利经济可持续发展。而这一点的实现，主要还得从以下三个方面来实现：

第一，建立水利现代企业制度。在社会主义市场经济深化完善的条件下，水利经济单位要成为真正的市场经济主体，除必须转变并重塑水利经济管理单位经营机制，净化运行的外部环境外，另一个重要方面就是要建立水利市场现代企业制度，使水利经济能规范运行在一个基本的组织结构中。我国水利管理单位制度改革的基本方向，应该是也必须是建立水利市场现代企业制度。所谓水利市场现代企业制度，是指水利企业按照市场经济原则借鉴现代企业制度，实行量化产权公司制治理模式。它包括企业产权和治理结构、决策和责、权、利结构等方面的内容而构成了水利经济现代企业制度。

第二，健全水利现代企业经营责任制。推行水利经营责任制，可以激发水利企业活力，使其产生动力而提高效力，进而形成强劲的竞争力。水利经营责任制肯定了公正、公平，同时也体现了水利人特有的自由本性，从而使水利人都能处在一个公正的平台上进行竞争发展。

第三，实行现代水利资产经营，有利于发挥国有经济的主导作用；有利于调整水利资产结构；有利于转换水利经济经营机制。而要实现这一点，需要遵循三点：其一，因地制宜，实事求是；其二，坚持原则，严格程序；其三，领导率先，组织保障。近1年来，农村小型水利设施产权制度改革的收效就十分明显（把小型水利设施的所有权、使用权、管理权、受益权以水权证的形式固定下来，并通过拍卖、租赁、转让等形式进入市场）。

（四）完善水利财务管理体制和监督机制

随着国民经济体制改革的深入，特别是投资体制改革，国家财政无偿投资的比重逐年减少，有偿投资的比重逐年增加，国家投资比重减少，社会筹资比重却相对增加。完善水利财务管理体制就必然成为当务之急，建立水利投入稳定增长机制势在必行。换言之，即要建立政府财政投资与市场运作相结合的多元投资体制。在这一机制的构建上，从客观实际与国外先进经验的借鉴上说，我们需要从以下三个方面去实施：

第一，构建水利建设融资机制。充分利用我国资本市场扩容的有利时机，大力发挥水利建设直接融资的功能，是我国水利资本市场充分利用各种直接融资手段，开拓资本市场筹资的新渠道。通过资本市场进行多融资是解决水利投资不足问题的较好途径，同时，通过资本市场进行多元化融资，也可以引入市场机制，促进资产结构调整，合理配置资源，进行科学管理，推进现代水利建设制度的建立。

第二，构建发行金融债券机制。认识金融与资本对水利经济发展的重要性，通过水利产业的金融化和资本化推进水利产业的经济体制改革，是利用资本市场获取资本的最直接、最便捷的资本来源。通过债券市场或股票市场进行筹资，是构建水利经济融资体系的重要方向。

第三，构建产业基金机制。利用资本市场，建立规范化的水利产业基金，是通过基金收益凭证募集资金，交由专家组成的投资管理机构运作，主要用于特定产业发展的多元化投资组合和中长期专业化投资工具。它适用于回收期长、收益高、投入大的大型水利水电项目。

投资的问题得以解决，免不了考虑财务管理监督机制的建立完善。根据 2011 年中央一号文件《中共中央国务院关于加快水利改革发展的决定》（2010 年 12 月 31 日）的文件精神，我们需要"切实加强水利资金监督管理"，这是因为水利资产监管是水利市场运营的重要保证。如果没有资产监管措施，水利资产经营就会呈现无序状态。而水利资产监管机制构建，首先就需要进行水利资产评估。水利资产评估有利于科学的决策。其次要对水利投资予以必要控制。换言之，就是要对水利投资进行监督管理。其监督控制的主要内容包括三个方面，即工期建设、成本建设、质量建设。如此，才能为新时期水利经济和谐发展体系的构建提供重要的后备保障。综述，我们可以得出结论：只有坚持中国特色的水利经济管理体制改革，完善水利财务管理体制和监督机制，才能更有效地构建起水利经济和谐发展体系。当然，这两者并不构成充分必要条件，我们还需要从以政府为主导等角度去努力。

五、水利可持续发展的水利经济运行机制

（一）前水利运行机制的局限性

水资源是当前最不可或缺的基础性资源物质，也是引发一系列社会经济问题的根源所在，由于水资源管理不当或者水资源缺失造成的社会经济损失更是不可计数。正是由于水资源的巨大社会影响效应在当前的水利运行机制中，为了眼前利益而忽视了水利运行的长远效应，甚至给生态环境造成了永久性的损伤。

1. 水利运行投资体系缺失

在很长一段时间内，水利项目都是国家重点投入、重点规划的基础项目，也由此造成了水利项目完全由国家投入的发展模式，这种模式固然能够保障水利运行和水利规划的有序性，但是受制于国家政府预算，水利运行一直难以真正发挥实际效用，大型水利工程项目涉及面广、施工周期长、维护成本高，如果没有民间资本的投入，很难真正正常投入运营。

2. 水利运行市场化程度不高

从本质上来讲，我国的水利工程项目一直是公共基础项目，承担了大量的公共性服务任务，管理经营中也具有明显的公益性和计划性，水利项目预算中很少涉及水利项目的运营方案，缺少市场操作的水利工程项目很难真正在水价调控、水利市场管理和水循环管理上发挥作用。

3. 水价波动频繁，市场观念落后

目前，农业用水、工业用水和生活用水都有明确的单价，甚至在用水高峰时段还会出现议价环节，水利工程往往是地区性水资源的核心管理机构，它对水价的影响是至关重要的，但是目前水利运行管理机制中，没有发挥这种效应，也没有体现出水利运行在水环境保护、水资源合理运用、水资源经济价值保障上的重要价值，这些都是水利运行市场化观念落后的典型表现。

（二）基于水利可持续发展的水利经济运行机制

正是由于水资源的战略性意义以及水资源的不可再生性，我们需要在水力资源运行管理中重视水资源的循环使用，提高水利资源的使用价值和经济效益，并且要立足长远发展，制定水利运行可持续性机制，造福于后世。因此，针对当前在水利运行管理中暴露出来的主要问题，基于可持续性发展的水利经济运行机制的主要内容如下。

1.健全水利运行的市场管理机制

水资源不仅仅是生产、生活必需品，更是具备经济价值的高附加值商品，因此在水利经济运行管理中，建立健全水利经济运行的市场化管理十分必要。以市场需求为导向，以水资源的可持续利用为基本原则，以稳定水市场经济为目标，建立符合我国水资源开发现状的经济运行体制。从水利工程项目的立项招标开始，明确水利工程项目的社会责任、公益性目标和经济运行方案，使水利经济的发展兼顾社会性和经济性，保障其日常运营的可持续性。

2.水价合理调控

水资源对于农业经济、工业经济和日常生活的影响巨大，要保障水资源供应的市场稳定性，就必须制定合理水价的调控机制。首先是要保障正常的水需求，通过水利工程的蓄水和放水，使水资源需求方的正常需水量得到保障；其次是要对水资源的有效利用进行控制，对于水资源浪费的现象要进行严厉处理；再次是要对水污染问题进行防治，控制毒害废物废水的排放。要实现水利经济运行的上述三个功能，可以在水价管理上实现阶梯性水价和附加水价，对于水资源浪费严重的行业和个人，进行水价处罚机制，确保水资源的合理利用。

3.完善水利经济运行中的投资渠道

要真正发挥水利项目的社会效益和经济价值，就必须扩大水利项目中市场资本的份额，建立起一个由政府主导，社会力量、市场机制和企业运作有机结合筹资办水利的新举措。通过引入民间资本和强化水利经济运行中的市场化行为，扩大水利运行的经济效益，提高水利运行的市场投资吸引力。政府要重视对水利项目的政策扶持力度，提高水利项目的银行贷款额度和市场准入机制，建立水利项目建设的专项管理资金，并对水利运行施行高效的股份制管理，扩大水利经济运行的可行性与操作性。

水利事业是农业、经济和社会生活的基本保障，也是防治水利灾害的有利方法。我国传统的水利运行机制中，普遍存在投资力度和投资多样性不足、水利市场功能单一、水利市场意识淡薄和水价调控混乱的局面。本书针对上述问题，针对性地提出了在水利运行机制中合理优化水市场分配机制，实行水价市场调控机制，通过明确水利项目的具体要求，扩展水利投资渠道，建立具备可持续性发展的水利经济运行机制。

第二节 我国水资源开发与水利经济

一、水利经济发展的客观必然性

这里所说的水利经济，是指以水资源、水环境和水利工程为主要要素来从事的生产、经营活动的总称。水资源的双重属性，决定了水利经济发展的客观必然性。

一是水利经济存在与发展的客观必然性。水作为一种自然资源存在时，它表现为一种生态要素，发挥生态效益和环境效益。但是，当水作为一种经济资源存在时，它在经济活动中就表现为生产要素，具有增值功能和经济效益。以水为原料的商品生产，包括在河湖水域从事的水产养殖、运输，水能资源的开发利用，水利工程对水资源的优化配置等，大量涉水行业的发展等都是水资源的经济功能效益的充分体现。

二是水利经济与实行水务管理体制的客观必然性。水资源作为人类社会最为重要的基础资源，既要保障对水资源的可持续利用，又要充分发挥水资源的经济功能效益。因此必须对水资源实行统一规划、科学管理、严格保护和有效利用。现行的水利管理体制，导致水资源管理保护和水资源经济开发管理"两张皮"，管理保护水资源的却不管理水资源的经济性开发，实施水资源经济性开发的却不承担水资源的节约与保护。这种矛盾甚至对立的关系，既不利于水生态资源的进一步管理与保护，也不利于水的经济性开发利用，只有把对水资源的严格管理保护与水资源的经济性开发利用有机结合起来，才能真正实现对水资源的统一管理、有效保护和科学利用。

三是水利经济与水利现代化建设的客观必然性。我们看到，水利作为经济社会发展最为重要的基础设施和基础产业，明显滞后于交通、电力、通信等行业。一个重要的原因就是长期以来，水利行业重视工程建设、忽视资源管理，重视水利的传统功能效益、忽视水利的经济开发效益，重视政府财政的力量、忽视市场机制的力量，甚至向一度由水利系统建设和经营的船闸、水厂和水产养殖都拱手让出。水利行业要与经济社会同步甚至超前发展，必然依据水资源的双重属性和水利的双重功能作用，创新水利投入机制，充分利用政府财政和市场机制的双重力量，以更大规模的水利投入，加强安全水利、资源水利、环境水利和民生水利建设，加快现代化建设步伐，为经济社会现代化发展提供更加有力的水利基础支撑和保障。

二、水利经济研究的对象及重点

水利产品应理解为广义的相互关联依存，逐次交换消费的系列产品。如对水利在我国国民经济和社会发展中的重要地位与作用的科学准确的定位与理论研究；围绕现代水利面临的洪涝灾害、干旱缺水、水生态恶化三大问题所做的可行性研究、科学的规划，并按规划所采取的对策和措施都应是产品。同样，相关部门制订的防洪调度方案，水环境保护法规，用水、节水计划也都是产品。因为这些都是劳动产出物，这一系列的工作成果，立起了水资源的开发、利用、治理、配置、节约、保护、消费的秩序，保证了社会经济正常而有效的运行。再进一步地分析水利的主要劳动产出物，同时水文工作者观测、记录水文数据，整编的系列资料是科研产品；水利勘测设计人员根据水文、测绘、地质资料所规划的工程方案、设计报告及图纸是设计产品；水利施工队伍按照设计图纸施工完成的各种水工建筑物是工程产品；水工建筑物由工程管理部门用作对天然水进行加工，使天然水按人们的意愿进行蓄、滞、泄、供，并被加工成为商品水、电等水利产品。根据产品消费的竞争性和排他性，水利产品主要具有两个特性，即公共产品性和外部性。水利产品的公共产品性，如堤防，水库，大型排灌站，各种水资源治理规划、设计报告等，都具有公共性，公共产品能使市场有效运转，却不能完全由市场来提供，这是市场经济对水利及其他一些具有社会公益事业单位劳动产出物所表现出的"市场失灵"现象。公共产品不能由市场来提供，但公共产品的生产却能创造市场并促进市场的发展。水利产品的外部性，即水利产品生产者的经济活动给其他经济主体带来无须偿付的利益或损失。如水库、堤防工程和城市防洪工程使被保护区免受洪灾侵害，使被保护区地产增值，工程建设给企业商家带来发展机遇等。显然，受益的各方并没有直接向水利行业支付费用。水利产品的公共产品性和外部性是"市场失灵"在水利行业的主要体现。因此，应当理性地认识到产生这种现象的非市场因素，找出制度失衡的原因。在市场机制不能或不能完全发挥作用的场合，发挥政府应有的干预经济的作用，以实现并维持正常的经济秩序。水利经济专业技术研究的重点问题是：在市场经济条件下，本部门的水利经济研究现状及水利产品在水利行业中的地位和作用；水利经济分析计算方法在本部门、本专业的应用与研究状况及存在问题；南水北调工程中有关的重点水利经济问题攻关；加入 WTO 对本部门水利经济研究产生的影响；水利经济对社会效益、环境效益计算方法的研究等。

三、增加水利经济效益的途径分析

（一）加强水利工程的管理体制

（1）健全水利工程的相应配套设施的建设。在水利工程建设的过程中不能仅仅关注主体工程的建设，而且更要加强配套设施的健全和完善，注重在进行主体工程的建设中应该建立相应的配套设施计划，使得主体工程能够在配套设施的辅助下顺利进行。只有两者相互有序地配合才能使得水利工程发挥其最大的经济效益和社会效益。

（2）认真贯彻法律政策的规定，使得水利管理具有合理性和科学性，比如说水利管理的相关文件和费用的计划，包括水利工程造价、水资源费用和工业水产水费等费用的管理，使得水利工程管理更加符合经济效益的要求。

（3）加强工程建设过程中和投入后的管理力度。具体表现在水利工程的建设过程中，严格按照法律相关规定执行工程的招标管理，尽量使得招标能够公开化和公正性，防止关系人情导致的不规范行为，严格保证工程质量。

（二）借助水利工程带来的便利大力发展当地的相关产业

众所周知，水利工程的建设带来的不仅是当地经济的整体发展，更是为当地相关经济产业带来了机遇。这就需要当地人民能够抓住这个机遇，大力发展当地的经济。比如说可以发展当地的养殖业，利用丰富的水资源来发展养殖业具有很大的前景，还有可以发展当地的旅游业。总之，水利工程带来的便利对当地市场经济的整体发展以及人民的生活水平有着很大的帮助意义，我们要充分利用这一资源条件来促进水利带来的经济效益。

（三）通过转变水利发展模式，促进经济社会发展步入科学发展轨道

根据水资源承载能力和水环境承载能力的约束，不断强化社会管理，推动经济结构调整，经济增长方式转变。按照不同区域、不同河流、不同河段的功能定位，合理有序规范经济社会行为。在水资源紧缺地区，产业结构和生产力布局要与两个承载能力相适应，严格限制高耗水、高污染项目。在洪水威胁严重的地区，城镇发展和产业布局必须符合防洪规划的要求，严禁盲目围垦、设障、侵占河滩及行洪通道，科学建设、合理运用分蓄洪区，规避洪水风险。

水资源开发要通过水利工程和系统管理将资源转化成人类需求的产品，它包括了生产、交换、分配和消费等阶段的整个经济系统，不仅是一个技术管理问题，而且更是一个协调人与自然的生态系统和人与人之间的经济利益关系的问题。因此，注重水资源开发过程中的经济问题，不仅要协调当代人之间的利益，更是实现水资源的优化配置，并实现技术与经济的最佳结合点的发展需求。

四、城市水利经济效用

（一）当前城市水资源存在的主要问题

社会经济的发展使得水资源呈现匮乏状态，受到二者之间关系的影响，必然会制约城市经济的发展，从目前的发展状况来看，主要存在以下几点问题。

1.洪涝灾害

水资源与城市发展间互相影响，在水资源充足的情况下，城市建设工作的开展也更加顺利，可以更好地推动城市经济的发展；反之，如果水资源匮乏，必然会制约城市建设发展的步伐。从目前我国城市发展情况来看，仍有一半以上的城市防洪措施不够完善。多数城市的防洪水平相对较低，甚至没有达到国家的标准，部分河道甚至无法满足20年一遇的标准，一旦洪涝灾害发生，必然会给群众带来重大损失，影响城市经济的发展。

2. 防洪建设设施不够完善

随着城市进程的加快，水泥地、楼群不断增多，排洪面积必然会缩小，导致渗水困难，洪涝灾害频发。

3. 生态环境的恶化

社会经济的进步，城市的不断扩张，使很多农村土地被占用，道路也在不断拓宽，水土保持能力下降，导致城市生态环境不堪一击。这些问题的综合作用，导致城市经济无法实现良性循环，进而制约城市经济的增长。

（二）城市水利建设开发与利用

城市水利建设要更新传统观念，加大城市水利功能的多样性。

1. 实现城市可持续发展

城市的可持续发展需要满足生态环境的进一步发展，因此城市水利生态化是必经之路，城市对水资源的建设需要从生活用水、生产用水出发，实现人水相依的目标，在保证人们生产用水、生活用水的基础上，加快城市经济的进程。

2. 建设并完善水网与水利工程设施

城市水利工程建设之前必须要进行提前规划，做好统筹监督工作，兼顾不同水系间的关系，进而建造出合理且科学的水利工程，通过优秀的水利工程、水利文化、水利设施来促进城市生态环境的提高，进而形成独特的城市生态风格，形成特有的水利经济体制。

3. 城市工程建设与生态环境质量要兼顾

首先，对城市现有的水资源必须要给予充足的保障，完善饮水区，保证饮水的充足与安全。

其次，保护地下水资源。城市各方面的用水对地下水资源都会产生不同程度的污染，影响城市建设的水生态环境，地下水是城市生活、生态环境、生产建设不可或缺的重要因素，因此城市管理者要对地下水资源给予充分的保证。

（三）水利经济所产生的效用

随着社会经济的进步，城市不断拓展，人口不断增加，这必然导致城市资源使用情况的改变，水资源需求量不断增加，供需矛盾将更加明显，随着城市发展脚步的加快，越来越多的城市呈现出缺水的状态，这样持续下去，必然会影响城市经济的长远发展。

（四）实现城市水利经济发展的重要措施

作为国民经济发展的重要资源之一，要想实现城市的可持续发展，解决城市水生态问题迫在眉睫，具体来说，可以采取以下几种措施。

1. 正确认识水

水不仅是自然资源，更是经济资源，同时也是战略资源。人们的生活离不开水，不论是日常生活，还是农业生产与工业生产，水都是至关重要的一个环节，一个城市的发展如果没有良好的水利措施，那么就只是空谈，并没有实际意义。

2. 城市水资源要充足

在城市发展建设过程中，城市水资源必须要满足人们日常生活的需求，否则就将导致地下水使用过量，超过城市生态水的承受水平。一些原本缺水的城市为了满足对水的需求，常常会使用大量资金进行调水，由此我们不难发现，水资源对城市的发展具有着决定性的作用。城市在发展过程中必然会大量利用水资源，在这一过程中，要建立节能减排的产生，实现水资源的循环利用，从而保证经济的持续发展。

3. 减少人类功利化的活动

人类功利化的活动是影响城市水环境的主要因素，城市建设需要良好的生态来促进城市经济的发展，要实现这一目标，就必须要采取有效地措施减少城市污水的排放，并且建立完善的城市排水系统，减少城市自身的排洪压力。同时，要建立科学的供水体系，先利用地下水，后用地表水，最后才是环境水，从而使得城市形成和谐的生态环境，使城市经济处于良性发展。

城市水环境对城市经济发展具有重要影响，与人们的日常生活息息相关，因此一个具有良好规划的城市必定拥有健全的城市水资源规划，在城市发展中必须要善于利用有限的水资源来改善城市的生活环境与生活质量，维护城市经济建设，促进城市经济的发展。

第三节　水利经济与水利市场的创新发展

一、水利经济与市场的现状概述

（一）以市场经济为导向，推进水管单位体制改革

水利管理部门之前大多都是以事业单位的形式存在的，并没有形成很好的良性盈利的模式。其根本原因就是没有很好地与市场经济做嫁接，没有很好的市场意识和经营理念。通过对水管单位的改革，使其从公有制的形式转变为企业制，这样使其实行营利性经营，自负盈亏并且更好地把为人民服务的工作做好。因此，通过水管单位的改革，员工可以从一定程度上增加对工作的责任感和积极性，从而为水管企业能够实现盈利和增收做好准备。

（二）以经济效益为中心，加强水利价格收费体系建设

水利作为社会主义经济体系的重要组成部分，更是关系国民生计的重要设施和产业。水利方面作为一种经济形式存在，无论是社会的服务实体，还是作为产品出售的部门，都必须有相应的补偿机制。此外，水利的产品线上，有自己的产品出售，水电以其多种的经营模式产品而存在，这些产品在市场经济的环境下有相应的价格出售。

只是一味地消耗而没有形成良性的盈利循环的经济，不能称为健全的经济模式。而只有产出，没有消耗的经济也不能称为真正的经济模式。水利价格的收费体制的建立，是水

利经济走进市场和适应市场的必然选择和路径，这是水利行业的经济特点。目前，各省在建立科学、合理地水利价格收费体系方面还存在很大差异，像经济发达的广东、浙江、江苏、山东等省份步子迈得都很大，工业省份辽宁水费计收效果好，相对水资源严重短缺的陕西省运用价格杠杆，促进节约用水，在水价核定上有很大突破。这些省份水价标准的提高，收入的增加，在一定程度上有效地缓解了水管单位存在的经济困难，增强了自身的经济实力。

（三）以社会服务为前提，逐步建立水利工程社会效益补偿机制

可以从两个方面来解决水利工程的社会补偿问题：第一，更加扎实地推进基础工作的完善，进行调查研究，对水利工程进行积极的宣传和引导，制定出水利工程的资产折耗补偿办法。第二，将水利工程的资产耗损补偿办法，进行积极的立法和出台相应的制度性文件，争取得到相应部门的大力支持。把水管单位经营性资产与公益性资产分别进行管理和核算，公益性资产折耗补偿应由财政拨款补助解决。当然，也可以通过政府批准后出台某一有针对性的行政事业性收费政策予以补偿。这样以来，公益性资产折耗有补偿，经营性资产有效益，水管单位的经济运行机制才是健全的、健康的，从而才能实现良性的循环。

（四）以实施人才战略为突破口，建立优胜劣汰机制

自实施积极财政政策以来，农业基础设施建设成效显著。按照"集中资金保重点，突出续建和急需"的原则，农业国债投资积极适应农业发展进入新阶段的要求，重点安排了国家大型商品粮生产基地、种养业良种工程、动植物保护体系、渔政渔港设施、旱作农业示范区等重大项目。良种工程的建设全国农作物商品种子的生产能力提高、种子质量检验能力提高、种子储藏能力提高、畜禽水产良种覆盖率提高。依照《全国生态环境建设规划》的总体部署和要求，国家在国债投资中重点加强了生态环境建设，先后启动实施重点地区生态环境建设综合治理、天然林资源保护和中西部地区退耕还林试点工程，加大重点防护体系建设和重点地区水土流失治理、种苗基地和森林病虫害防治等在建工程的投资力度。

二、加强水利产业的创新发展

（一）水利水电工程与市场产业研究

水利水电工程作为我国的基础性建设产业之一，水利水电工程由于具有投资大、建设周期较长等特点，决定了工程从投资决策阶段直至竣工阶段的各个环节必须纳入建设成本控制的环节。从招标投标标价及相关的评标方法、工程造价预算、原材料价格和实际施工过程中人工、材料的优化管理等方面指出了现行水利工程中存在的相关问题，相应提出了我国目前宜采用单位估价法和实物量法的转换，以期达到尽快与国际接轨。通过实例对单独使用单位估价法的不合理及低价中标所产生的后果进行了简要介绍。投资管理对工程顺利进行具有重要作用。因市场经济是一个动态的、逐步渗透的体系，同时受水利水电工程

建设独特性的影响，投资管理实际应用中面临很多困难。虽然我国水利工程投资管理已经慢慢向社会化、专业化、规范化的模式转变，并且也颁发了一些相关的管理办法和实施细则，但投资管理办法在执行过程中仍然需要一次质的飞跃。《中华人民共和国招标投标法》是为了规范招标投标活动，保护国家利益、社会公共利益和招标投标活动当事人的合法权益，提高经济效益，保证项目质量。作为工程承包发包的主要形式，在国际、国内的工程项目建设中已广泛实施，是一种富有竞争性的采购方式，是市场经济的重要调节手段，它不但能为业主选择好的供货商和承包人，而且能够优化资源，配置，形成优胜劣汰的市场机制。水利工程招标内容包括设计、监理、施工和材料等，其中施工招标是竞争最激烈的。

（二）加强水利工程市场监督机制研究

在水利部实施的《水利工程建设项目招标投标管理规定》中，评标方法包括综合评分法、综合最低评标法、合理最低投标价法、综合评议法和两阶段评标法。综合评分法和合理最低投标价法是使用较多的，其他方法使用较少。综合评分法是事先在招标文件或评标定标办法中将评标的内容进行分类，形成若干评价因素，评标因素的设置应充分体现企业的整体素质和综合实力，准确反映公开、公平、公正的竞标法则。因此，评标因素主要从胜任程度与信誉评价、对招标文件的响应性、施工组织设计和投标标价等方面进行设置。确定各项评价因素所占的比例和评分标准，由评标组织中的每位成员按照评分规则，采用无记名方式打分，最后统计投标人的得分，得分最高者为中标人。该方法能够综合反映各投标单位的综合实力，但是受主观因素影响较多，容易产生纠纷和不公正，因此对专家要求很高。

四、发展水利经济的主要措施

（一）多渠道筹集水利建设资金

对于水利建设资金的筹集要采取多渠道、多方式的办法，要挖掘民间资本，推荐民营水利建设。对投资大、收入高的项目可成立股份公司，在行业内部或是面向社会筹集资金，水利企业的内部员工可以参与投资入股，共同开发水利市场。值得注意的是，水利建设是关系到民生的大事，涉及人民群众的生命安全，所以水利建设部门必须对相关审批严格控制，对水利公共事业的安全性负责。

积极开展招商引资活动来满足城市水务建设的需要，将有实力的大企业集团引入，来做大做好水利项目。目前，我国很多公司已经和水利部门合作参与到水利市场中来，共同来发展水利经济，并在水务市场中占据了一定的地位。这样水利部门达成了预定的目标，参与企业也实现了经济效益，达到一种双赢的结果。

（二）法制经济、依法收费

水利建设必须形成一种法制经济，虽然中央及地方也出台了很多保障水利经济发展的政策，但水利建设实现法治经济还是存在着法规不完善、法规政策落实不到位等问题。水利行业要坚持实行依法收费，将政府制定的法律法规真正落实到工作中去，同时要杜绝企业内部资源浪费的现象，做好水土保持工作。

（三）实行体制改革

我国现行的区域分割治理方式容易造成地区利益争夺，也不利于水资源的合理分配及发挥其最大的经济效益，会出现一个地方水资源充沛浪费严重，而另一个地方水资源又极度紧张的情况。所以要注意城市供水由水利管理部门统一分配，农村用水要由水利行政部门管理，发动地方群众参与当地的水利建设兴修等问题。

（四）重视人才

一个行业的发展离不开人才，人才是技术及经验的载体，是企业发展的宝贵财富。我国水利行业的发展中培养了很多懂水利建设的人员，但精通管理、善于经营的人才却较少。因此，水利行业在寻求发展的同时也要关注对人才的培养，企业内部要重视人才，建立起人才培养的体系。此外，企业也要敢于在市场中引入高端人才，使企业可以更好地发展。

（五）提高科技含量

相对于欧美等一些西方发达国家，我国水利科技的发展程度、水利科技的含量都较低，水利行业内部员工的素质、科学文化水平也都不高，这些因素的存在阻碍了我国水利经济向世界一流水平发展。我国水利行业应该改变原来那种仅仅依靠经验来进行生产经营活动的思维方式，变成依靠高科技、劳动技术、经验等相结合的方式来实现水利建设科技化发展。加快水利企业技术改造，鼓励水利企业技术创新，努力形成低投入、高产出的企业经营状态，是我们发展的方向。

第四节　水利工程经济管理的途径与方法分析

水利经济主要就是以水资源为核心的载体，主要从事于发展和治理我国水资源的一些社会经济活动的资产总和，并且水经济的建设是我国社会发展当中不可替代的重要的基础，具有很强的社会公益性、基础性、战略性。因此，我们必须充分发挥我国水利资源的作用，提高我国社会经济的效益，并推动社会经济快速持续发展。

水资源是全球各地、各个国家健康发展的重要资源，而兴修水利工程不仅能为农业服务，还能为国民经济和社会发展服务，因此，成为影响地区和国家发展全局的重要因素。但水利工程项目施工的过程比较复杂、系统，因此，其施工管理工作也十分系统、复杂，涉及诸多方面的问题。要想提高水利工程项目施工的质量，就必须做好成本控制，将经济管理和控制贯穿于整个施工过程当中，并采取有效的措施，提高施工项目经济管理和控制的水平。

一、水利工程施工项目的经济管理存在的问题

（一）资金投入问题

在水利工程施工项目的经济管理与控制工作中，资金投入问题也是必须注意的细节问题。因为水利工程属于一种公益性建设，政府在投资方面较少，而采用众筹的方式所获得的资金也较少，这就导致很多水利工程施工的工具较为陈旧，同时建筑材料尚不完善，导致施工项目无法顺利进行。为了避免这样事件的发生，在施工之初，就必须提前做好预算，并制定较为完善的问题应对措施，从而保证工程项目的顺利进行。

（二）水利经济产业规模不大

水利经济作为刚刚开始起步的一种经济发展形式，在很短时间内并不能实现大幅度的实质性的转变，例如水上旅游业虽然受到广大旅游爱好者的青睐，但是在管理制度以及设施上仍然还是无法做到尽善尽美，不能充分地满足游客的实际需求，同时市场的规模相对较小，资产过亿的不多，且缺乏市场的竞争力，也并不能很快地实现稳定增长。

（三）工人对经济管理方面不重视

很多基层的工人都觉得水利工程中的经济管理工作都是管理人员需要考虑的事情，与他们没有太多关系。而且，他们要做的只是去遵守管理人员所制定的制度。这种思想是极其错误的。水利工程经济的发展关系到水利工程中每一个人的利益，即使是基层工人，也要有一个工程经济发展意识。而且从某种角度上来说，基层的工人才是促进水利工程行业经济发展的重要推动力之一。也就是说，基层的工人才是最根本的基础，他们如果没有经济发展的意识和理念，就很难做好经济管理的相关工作。所以说一定要加强基层的工人对工程经济管理的认识，使他们有一个更加良好的工程经济发展理念，只有这样才能从根本上促进水利工程经济的发展。

二、水利工程经济管理方法和途径

（一）建立健全经济管理制度

在实际生活中，要想强化水利工程施工项目的经济管理与控制方向，首先必须建立一套合理的经济管理体制，健全管理制度，这样才能根据管理制度，做好经济管理，把控经济管理的方向，从而做好施工项目成本的控制。要想达到这一目标，相关企业可以从两个方面着手：一是明确资金的来源；二是明确规定资金的使用。正如上文所述，水利工程是涉及国计民生的重要工程，一般是由国家财政拨款兴建的，但也有地方政府自筹资金兴建的。因此，相关企业必须严格管理资金的来源与使用环节，建立起一套合理的经济管理体制，严格审理每一笔资金的入账和使用情况，确保资金都能够用到实处。在实际操作中，企业在每一笔资金入账时，必须做好登记记录，并设置专门的监察小组，针对每一笔资金

的流动使用做好监管。同时还要加强各部门之间的协调，明确其各自的职责，避免越权行为导致资金混乱使用情况的发生。此外，相关企业还要建立相应的奖惩制度，激发工人施工的积极性，从而提高工程施工建设的速度，在保证质量的同时，也要保证施工的进度。而且，针对员工在施工中的错误行为，也必须进行必要的处理，从而保证员工能够按时上下工，严格按照施工方案及施工标准开展水利工程的施工建设。

（二）改变传统的水利经济发展思路

以往水利资源的运营管理往往只高度重视统计数据和相关实物，忽视了对运营情况的有效监管。此外，要积极探索借鉴国内外先进的新型水利经济社会发展建设经验，建设适合现代化发展的新型水利项目，科学合理规划和协调发展。在具体发展实践过程中，更多的应该高度重视管理制度的建立，改变企业发展战略思路，以优秀的专业人才为发展动力源，让他们在合适的工作岗位上能够发挥最大的社会价值。同时还要认真制定严格的业绩考核制度，定期组织开展水利资源专业知识技能培训，提高全体员工的自身综合素质。

（三）完善法人责任制

在该领域管理中，必须体现政府的宏观调控作用，使政府高效率发挥职能，通过完善法人责任制度，明确工程项目权责划分，确立法人地位，将工程参与者的责任制度化清晰化。采取此种措施，可对参与各方起到约束和管理作用，还可形成良性机制，激发参与者发挥各自的积极影响。政府在保证宏观调控力度的同时，也应坚持政府干预的适度性原则，避免越权，保证水利工程可以正常管理运行，防止因政府的过度干预而导致工程推进受限。任何工程的顺利经营都需要明确的权责划分，权利与责任应具有高度匹配性，不仅可保证工程管理公平，而且可调动各方积极因素，有效的制约消极因素，使水利工程在有秩序、有效率的情况下建设经营以及发挥效用。

加强我国水利管理事业经营管理业务能力，不断地创新完善我国水利事业的经营管理体制，能够更好地适应当前新形势下的我国水利市场经济的发展要求。在党中央的正确思想领导下，广大水利工作者们更应积极践行国家可持续发展治水战略思路，坚持深化完善，对相关法制进行改革创新，加强相关的建设管理，努力开创新时期建设管理新局面，促进我国水利事业健康发展，为社会做出更大贡献。

第五节　水利工程经济效益风险

通过水利工程以往的工作实践可以发现，经济效益类的问题，在水利工程的整个项目进展中，常常包含着多种不确定性的因素，这样的因素主要也表现发电效益与河流自身在曲径特性上的联系；在整体的防洪工程当中，存在着很多难以确定的高风险影响因素，而这些影响因素的随机性，也和经济效益与发生频率之间有着密切的联系。这些方面的影响因素特性使得水利工程的实际效益与预期目标之间产生大量的效益落差。因此，针对这样的现状，深入进行风险探究，则是在实际层面非常有必要的。

一、水利工程经济效益及风险分析

（一）水利工程经济效益分析

在我国当今的基础建设发展过程中，水利工程则是其中的重要构成部分。水利工程不仅支撑着整个国家的经济发展，同时也促进着国民水平的整体生活水平提高效益，因此其内在作用也不容小觑。但是在具体的施工过程中，其水利工程的独特建设背景与特点，也在整体角度上具有着特定环境下的共性特征。具体的特性可以从三方面来进行分析：

首先，在连续性特征中水利工程所采取的投资，均为一次性且大规模的投资，而在整个的过程中，投资也尽量避免着间歇性地处理与分开式的处理。因此只有这样的投资模式，才能够使得整个工程不致于因资金出现断档而影响施工，最终发挥整个工程效益的最大特性。

其次，便是经济的长期收益性，水利工程的经济收益，其周期性较长，因此需要相应的大量投资与投资者通过后续的大量资金储备，来避免其正常运行状态下因施工项目资金短缺而导致整个工程受限。

最后，水利工程作为我国重要的基础性设施，不仅能够促进企业与民众的生产经营必备条件，同时还能够满足于社会的民众消费与经济效益之间产生必然的联系。因此从表面上来看，水利工程与人们的生活生产，虽然没有太多的表面性交集，但是在深处却带来了潜移默化的消费习惯影响。因此从最直观的方面上来看，水利工程的经济收益也大致可以分为以下三个方面：

首先，与其他基础性设施的经济功能相比较，水利工程中的经济性功能与生产领域功能更加明显。而生产领域中的经济效益以及经济功能，则是水利工程最实用性的表现。

其次，则是水利工程的经济功能隐性特征，能够在人们的生活与社会的经济发展过程中，提供更多的经济保证作用。同时，也更具有满足生活所需的实用性价值。

最后，作为我国水资源使用、利用及调配的便利性条件，水利工程主要体现在不同水域之间的调配及运用。因此对于我国的新时代社会发展以及现代化城市建设而言，水利工程的经济功能作用也具有更明显的存在性。

（二）水利工程经济效益风险分析

未知性因素在我国的水利工程项目开展中，贯穿着整个经济评价体系始终。因此，若不及时处理或无法用正确的方法进行解决，则会产生极为严重的经济风险效应。针对当前的水利工程管理现状，通过经济效益费用比、内部收益率、投资回报率以及净现值等多种指标预估计算，最后选取当中的一种优质方案。也是当前我国绝大多数的水利工程在经济评价中所采取的具体风险衡定方式。

但是最终的优质方案，也会因随机性的水文影响因素，导致方案的突发性差异变化。因此在不同环境下，产生的经济效益也具有着非常大的区别。而在这一过程中，不同的方案通常也是解决的关键，因此只有结合水域不同的实际现状进行分析，才能够最终确定行之有效的风控方案，从而提供更真实有效的参考依据。

二、收益部门水利工程投资分析

投资额度在通常情况下，都是在水利工程施工之前通过合理化的投资分摊，结合科学有效的计算方法分置到各部门之中，具体则分为三个环节：

首先，则由负责水利工程的各投资额度部门进行自行承担，在这一过程中，也不需打入综合部门进行实施均摊；其次，所有的参与部门在水利工程项目中则需要进行正确合理化的比例分摊，在考虑到主要特性与水利工程项目阶段不同的内容中，通过计算方式，得出最为正确的科学性配比结果，并且在整个初期根据实际情况选择最为恰当的计算方法；最后，在整个水利工程的投资项目中，根据不同水利工程的类型制定具体方案。

三、未知因素分析

（一）敏感性分析

综合整体的研究与工作经验而言，若对整体水利工程项目造成主要影响及主要变化的具体影响因素，以其未知因素中的敏感性因素。因此对于这一方面的敏感性因素，例如：工程支出、进度、经济收益、影响程度等等方面的具体信息，都具有着一定的敏感性与多变性，因此也就使得整个工程项目的指标评定，也同样需要从更多的方面与综合性、细节性方面，进行未知因素的具体分析。因此，在整个水利工程之中，相关的指标数据信息，都是相关水利工程负责部门需要进行，指标综合评定的涉及范畴。通过相关数据信息的敏感性未知因素分析，也能够让整个水利工程中的项目，具有更明显的数据指标，从而实现与既定目标之间的相互对比分析，从而在最全面性的因素分析中，进行科学合理的规避。

（二）风险性分析

对于整体工程的经济评价而言，风险评估则是其中重要的环节之一。当前我国的经济科技水平都得到了质的发展与速的飞跃，而在相应的政策方面，国家也予以了水利工程项目超高的重视及关注程度，这也就使得更多的管理重点，能够逐渐转移到整体工程项目的风险性评估方面以及预防方面。由于经济评价在具体的水利工程实践过程中，因此也就需要对工程项目成本费用、经济效应等内容从实际的角度上进行综合评估，因此也就使得其信息数据存在更多的展现方式。

此外，在水利工程项目中，施工还需考虑到诸多因素对经济评价的影响以及周边环境的隐性影响，基于这一基础整体水利工程项目的参与者，则需要以保证风险性中的经济收益安全，为最终的实践导向。并且对于风险中的未知性因素，进行全面的分析与研究调查，从而使经济风险最小化。

我国近年来的水利工程项目，在国家的现代化发展以及在国民的物质经济生活水平建设上，都贡献了很多的实际价值。但是从资源开发与应用实践角度而言，还存在着诸多的问题与弊端。应积极地对这些问题与弊端进行更深入的解决，才是我国水利工程在未来完全竞争市场中经济效益提升的关键途径。因此，不仅需要在建设与管理过程中深化国家与地方的监管，同时也要重视整个行业对于项目的全局性资金扶持。此外，对于经济效益中的潜在风险，也要通过多种管理防治措施，逐渐提升水利工程的全局性建设发展，从而为我国的现代化建设与民众的日常生活，提供更优质的水利资源生活性服务。

参考文献

[1] 贺芳丁，从容，孙晓明．水利工程设计与建设 [M]．长春：吉林科学技术出版社，2020．

[2] 张义．水利工程建设与施工管理 [M]．长春：吉林科学技术出版社，2020．

[3] 刘江波．水资源水利工程建设 [M]．长春：吉林科学技术出版社，2020．

[4] 宋美芝，张灵军，张蕾．水利工程建设与水利工程管理 [M]．长春：吉林科学技术出版社，2020．

[5] 王立权．水利工程建设项目施工监理概论 [M]．北京：中国三峡出版社，2020．

[6] 张奎俊，王冬梅．山东省水利工程建设质量与安全监督工作手册 [M]．北京：中国水利水电出版社，2020．

[7] 刘景才，赵晓光，李璇．水资源开发与水利工程建设 [M]．长春：吉林科学技术出版社，2019．

[8] 孙祥鹏，廖华春．大型水利工程建设项目管理系统研究与实践 [M]．郑州：黄河水利出版社，2019．

[9] 周苗．水利工程建设验收管理 [M]．天津：天津大学出版社，2019．

[10] 高爱军，王亚标，孙建立．水资源与水利工程建设 [M]．长春：吉林科学技术出版社，2019．

[11] 刘明忠，田淼，易柏生．水利工程建设项目施工监理控制管理 [M]．北京：中国水利水电出版社，2019．

[12] 侯超普．水利工程建设投资控制及合同管理实务 [M]．郑州：黄河水利出版社，2018．

[13] 邱祥彬．水利水电工程建设征地移民安置社会稳定风险评估 [M]．天津：天津科学技术出版社，2018．

[14] 鲍宏喆．开发建设项目水利工程水土保持设施竣工验收方法与实务 [M]．郑州：黄河水利出版社，2018．

[15] 王绍民，郭鑫，张潇．水利工程建设与管理 [M]．天津：天津科学技术出版社，2018．

[16] 李平，王海燕，乔海英．水利工程建设管理 [M]．北京：中国纺织出版社，2018．

[17] 盖立民．农田水利工程建设与管理 [M]．哈尔滨：哈尔滨地图出版社，2018．

[18] 胡琴，范振雷．水利工程建设施工管理实务 [M]．哈尔滨：哈尔滨地图出版社，2018．

[19] 孙本轩，张旭东，杨萍萍．水利工程建设管理与水经济发展 [M]．五家渠：新疆生产建设兵团出版社，2018．

[20] 赵宇飞，祝云宪，姜龙．水利工程建设管理信息化技术应用 [M]．北京：中国水利水电出版社，2018．

[21] 高翠云，康抗，施涛．水利水电工程建设管理 [M]．天津：天津科学技术出版社，2018．

[22] 曹忠遂，岳三利，陈峰．黄河水利工程管理与建设 [M]．北京：北京工业大学出版社，2018．

[23] 鲁杨明，赵铁斌，赵峰．水利水电工程建设与施工安全 [M]．海口：南方出版社，2018．

[24] 张平，谢事亨，袁娜娜．水利工程施工与建设管理实务 [M]．北京：现代出版社，2018．

[25] 郭小瀛，孙贝贝．龙口水利枢纽工程建设征地与移民安置 [M]．沈阳：沈阳出版社，2018．

[26] 贾洪彪．水利水电工程地质 [M]．武汉：中国地质大学出版社，2018．

[27] 王海雷，王力，李忠才．水利工程管理与施工技术 [M]．北京：九州出版社，2018．

[28] 高占祥．水利水电工程施工项目管理 [M]．南昌：江西科学技术出版社，2018．

[29] 沈凤生．节水供水重大水利工程规划设计技术 [M]．郑州：黄河水利出版社，2018．

[30] 张毅．工程项目建设程序：第 2 版 [M]．北京：中国建筑工业出版社，2018．

[31] 刘勤．建筑工程施工组织与管理 [M]．银川：阳光出版社，2018．